农业生态环境保护技术探析

张学权 李 龙 宋利学 ◎ 著

U0289407

中国书籍出版社
China Book Press

图书在版编目（CIP）数据

农业生态环境保护技术探析 / 张学权 , 李龙 , 宋利
学著 .—北京 : 中国书籍出版社 ,2023.12
ISBN 978-7-5068-9692-4

Ⅰ . ①农… Ⅱ . ①张… ②李… ③宋… Ⅲ . ①农业环
境保护—研究—中国 Ⅳ . ① X322.2

中国国家版本馆 CIP 数据核字 (2023) 第 232960 号

农业生态环境保护技术探析

张学权 李 龙 宋利学 著

图书策划	邹 浩
责任编辑	李 新
责任印制	孙马飞 马 芝
封面设计	博健文化
出版发行	中国书籍出版社
地 址	北京市丰台区三路居路 97 号（邮编：100073）
电 话	（010）52257143（总编室） （010）52257140（发行部）
电子邮箱	eo@chinabp.com.cn
经 销	全国新华书店
印 厂	北京四海锦诚印刷技术有限公司
开 本	710 毫米 × 1000 毫米 1/16
印 张	11.5
字 数	235 千字
版 次	2024 年 1 月第 1 版
印 次	2024 年 1 月第 1 次印刷
书 号	ISBN 978-7-5068-9692-4
定 价	68.00 元

前　言

农业生态是以生态学理论为主导，运用系统工程方法，以合理利用农业自然资源和保护良好的生态环境为前提，因地制宜地规划、组织和进行农业生产的一种新型农业。建设生态农业，走可持续发展的道路已成为当今世界各国农业发展的共同选择。

发展农业生态，良好的农业生态环境是基础，没有一个良好的农业生态环境，发展生态农业将是一句空话。当前，在我国农业取得举世瞩目成就的同时，农业生态环境也遭到不同程度的破坏，引起了农业环境质量下降，已成为妨碍生态农业发展的突出问题之一，必须加强农业生态环境保护工作，有效地治理和防止污染，为建设生态农业奠定良好的基础。

农业生态既是有机农业与无机农业相结合的综合体，又是一个庞大的综合系统工程和高效的、复杂的人工生态系统以及先进的农业生产体系。重视和强化农业生态环境保护工作，是确保农产品质量安全，提升农村环境品质，建设美丽乡村的重要举措，也是发展生态农业，促使农业生产能量和物质流动实现良性循环，实现经济和生态环境协调发展的重要途径。

本书从农业生态环境保护的基本思路与工作任务出发，从大气、水体、土壤、农药、化肥等几方面对农业环境的污染防治措施进行了简要的介绍。接着重点对畜禽养殖污染防治技术、秸秆的综合利用技术、畜禽粪便与秸秆沼气处理实用技术进行了全面的介绍，力求达到减少污染物排放，增加其利用效率的目的。最后从理论校对剖析了农业绿色发展的内涵和外延，从绿色农业生产技术、绿色农业与科技创新等方面阐述了绿色农业的实现路径与发展路径。本书写作力求深入浅出，通俗易懂，可操作性强，可供广大基层农技人员及广大农民朋友参考阅读。

目 录

第一章　农业生态环境保护概述

第一节　农业生态环境

一、农业环境的概念

（一）环境

环境既包括大气、水、土壤、植物、动物、微生物等内容的物质因素，也包括观念、制度、行为准则等内容的非物质因素；既包括自然因素，也包括社会因素；既包括非生命体形式，也包括生命体形式。环境是相对于某个主体而言的，主体不同，环境的大小、内容等也就不同。

狭义的环境，指如"环境问题"中的"环境"一词，大部分的环境往往指相对于人类这个主体而言的一切自然环境要素的总和。

（二）农业环境

农业环境是指影响农业生物生存和发展的各种天然的和经过人工改造的自然因素的总体，包括农业用地、用水、大气、生物等，是人类赖以生存的自然环境中的一个重要组成部分。属中国法定环境范畴。农业环境由气候、土壤、水、地形、生物要素及人为因子所组成。每种环境要素在不同时间、空间都有质量问题。当前中国农业环境质量的突出问题是环境污染和生态破坏。

以农作物或农业生产为主体的周围环境各要素的总和主要包括：农田、森林、草原、灌溉水、空气、光、热及施用于农田的肥料（包括化肥）、农药和农业机具等。这些农业环境要素共同构成了一个农业环境综合体系，相互作用，相互影响，为人类创造出生产上和生活上必需的大量物质。

二、农业生态环境的概念与特点

（一）农业生态环境的概念

农业生态环境，是以农业生物为主体而言的各种环境因素的总和。主要是指土地、土壤、森林、草原、水源、空气、阳光、温热、微生物等农业生产的基本物质基础条件。这些环境因素相互作用，相互影响，共同构成了一个完整的农业生态环境综合系统。

农业生态环境科学，是一门多学科内容交叉、边缘渗透的广大领域。农业生态环境科学研究的主要内容有生态学、生态经济学、气象学、地质学、地理学、生物学、微生物学、物理化学、环境医学、农学等。农业生态环境学又与社会科学、工程技术学互相渗透，互相交叉。所以说，农业生态环境科学是研究以人类为中心的农业生态环境质量及其保护和改善的科学，是一门内容极为丰富，涉及面非常广泛的、综合性又非常强的新兴科学体系，是近几十年发展起来的综合性学科。

农业生态环境保护，是指以消除与减轻农业生产和农村产业活动为主的自身所造成的污染以及外来污染物对农业生产、生态环境的影响。农业生产活动，包括施用化学农药防治病、虫、草害，施肥、引水（包括污水）灌溉等。农村产业活动，包括集约化水产、畜禽养殖，乡镇企业等。外来物污染，包括工业污染和流动污染扩散后对农业的影响。农业生产和农村产业活动为农业增产、农村经济的繁荣、转移农村剩余劳动力均起到了积极而重要的作用。但由于不合理的过量施用农药、化肥，乡镇企业落后的技术、设备，造成农业面源污染扩大，乡镇"三小企业"污染加重，加上农村交通便利后发达的运输引起流动污染扩散。山坡、湖泊不合理的开发利用，引起水土流失加剧，江河湖泊淤积，自然灾害频繁发生，使农业生态环境遭受到不同程度的污染和恶化。农业环境保护就是会同有关部门对引起农业生态环境污染的源头和过程进行科学有序的监控管理。

（二）农业生态环境保护的原理

农业生态环境保护，其原理主要是讲人与自然环境之间的关系。中国古代强调"天人合一"，实质上讲的是，人与自然环境的协调关系。从农业可持续发展的供求关系上分析，人类与农业生态环境应该是一个协调的复合体。其一，农业生态环境为人类生存与发展提供了源源不断的物质基础。人类的生存、繁衍和兴衰都依赖于农业生态环境这个载体，良好的农业生态环境不仅可以最大限度地科学合理开发与利用自然资源，获取更多人类生存、发展所必需的农产品，而且还能有效地保护农业生态环境，提高农产品质量安全性，为人类社会提供充足、安全、优质的农产品。因此，农业生态环境的好坏，将直接影响农业生产、农村经济、农民收入的可持续发展。其二，人类是农业生态环境开发、利用保护的主体。耕地减少，人口剧增，消费总量增加，消费质量提高，这些带全球共性的问题，既造成农业生态环境容量的压力越来越大，又给人类对农业生态环境科学有序的开发与保护提出了更高的要求。人类通过本身的生产活动，从农业生态环境中获取物质、能量、信息，并随着科学技术的进步，把从农业生态环境中获取的物质、能量、信息，再进行多次的开发利用。在这个过程中，有时要向农业生态环境中排放大量的"三废"和其他有毒有害物质。这些"三废"和其他有毒有害物质一旦超出了农业生态环境的自净能力，就会引起农业生态环境污染和各种公害，影响农业生产、殃及人类安全。因此，保护农业生态环境必须树立以人为本的思想。其三，实现人与自然的协调，开发与保护一致，必须实施保护措施。这些农业生态环境综合保护的措施包括农业生态环境保护立法、农业政策的倾斜、农业生态环境保护技术的进步、农业生态环境保护资金的支持以及加强宣传、试点示范、科学引导消费等，才能使农业生态环境保护工作真正落到实处。

（三）农业生态环境保护的基本特点

农业生态环境保护的基本特点是由农业生态环境遭受污染和破坏的特点所决定。从农业生态环境遭受污染和破坏的情况分析，主要表现有三大基本特性。

一是复合性。农业生态环境遭受污染或破坏往往表现出对多种因素的不良影响，例如，农作物遭受"三废"的污染，直接受害的农作物减产或绝收或导致农产品污染严重不能食用，造成严重的经济损失。但是，从农业生态环境受害的情况来看，可能造成对农业生产起基础性作用的灌溉水、农田土壤等污染，使其危害时间更长，范围更广，后果更严重。同时，农业生态环境的污染有时有工业"三废"的点源污染的影响，也有交通运输所致的流动污染，还有农业生产过程中化肥、农药、农膜和畜禽粪便的农业面源污染等，而每一类给农业生态环境造成污染的物质又包括着多种元素。因此，农业生态环境污染呈现出复合污染的特点。

二是不确定性。农业生态环境范围广，它既与工矿、企业等工业污染源接邻，又与交通运输线交织在一起，同时，还承载着人们从事农业生产活动。这些因素随时都有可能给农业生态环境带来不良影响，这种影响不仅发生的频率、程度和同一季节、同一地点不同年限间的影响不尽相同，而且每次遭受的影响导致的类型也不尽相同。如某地农业生态环境污染的恶化，分析其原因，有可能是工业"三废"污染，有可能是农业面源污染，还有可能是破坏自然资源造成水土流失，土地沙化等，而且每次对农业生态环境造成的污染或破坏都不是一成不变，也就是不确定性的特点，就是这个特点，给农业生态环境保护带来了工作难度。

三是持久性。农业生态环境保护，是以自然资源保护为主，自然资源遭到污染和破坏的过程是一个恶性积累，由量变到质变的过程。但是，一旦给农业生态环境造成质变污染和破坏后，要保护和改善，就不是一日之功了。

针对农业生态环境遭受污染和破坏的基本特性，抓好农业生态环境保护，要突出三大特点：

1. 整体配合性

由于农业生态环境污染和破坏具有复合性，其污染源具有多样性。因此，保护和改善农业生态环境，必然涉及多学科、多行业、多部门，在其保护上单靠一两个学科、行业或部门是远远不够的，只有在政府统一领导下，农业行政主管部门主动组织多学科、多行业、多部门整体配合，把可能对农业生态环境造成污染或破坏的源头预防治理在起源区，就能有效地减少治污的投入成本和降低农业生态环境污染与破坏造成的损失。像工业和乡镇企业生产，如果严格贯彻执行"三同时"的环境保护政策和"谁污染，谁治理"的要求，就可大大地减少点源污染源和污染量。农业生产中对施用的高毒、高残留农用化学生产资料，从工业立项开始就实行严格控制，生产过程和流通市场实行严格监管，尽量不让这类污染和残留严重的农用化学生产资料进入农业生产，同时，在农业生产过程中，科学地使用农用化学生产资料，让其不造成面源污染。在自然资源保护上，注重开发与建设保护并重，对山区因地制宜地贯彻执行国家退耕还林、封山育林，对湖区实行退田还湖、平坑行洪等政策。保护农业生态环境，只有走多学科、多行业、多部门的整体配合行动，农业生态环境保护才能起到明显效果。

2. 措施综合性

造成农业生态环境污染或恶化的因素有工业、农业、自然等多因素，那么，治理和保护农业生态环境也应该是多类技术措施的综合实施，单靠一两项技术措施的组织实施，是难以从根本上解决农业生态环境保护问题的。农业生态环境保护的综合措施主要有工业改制措施、农业工程措施、农业生物措施、农艺措施等。工业改制措施，主要改造生产工艺，减少超标"三废"对农业生态环境的转移污染。农业工程措施，重点是按照生态学、生态工程学的原理，将山、水、田、林、路实行科学统一规划和布局，根据其能力采取分步实施。农业生物措施，主要是与农业工程措施配合，实施农业生产、农民生活、农业生态三位一体布局要求，对农业生态的绿色植被，农业生产必需的农田土壤、农用水等，实施农业生物措施保护。农业生物措施主要是让山绿起来，水清起来，土壤质量好起来。通过植物同化和生物链，变废为宝，提高综合利用能力，避免和减少对农业生态环境的自然污染。农艺措施，主要是针对农业生产而言，通过农业产业结构调整，把农业单一种养模式，调整为复合型良性循环的模式。如"猪—沼—果（菜、鱼）"种养模式，"菜—草—羊"农业生态模式等，"稻—渔""猪—鸭—鱼"等生态食物链模式等。把农业单一的开发利用型技术措施，调整为开发利用与改善保护并存的农艺技术措施。如在人造坡耕地配套生物埂技术，可起到护坡固地的农业生态保护作用，改山坡耕地纵向种植为横向种植，配合地膜保温、保湿覆盖栽培和免耕或少耕栽培，都可以起到增产和保护农业生态环境的功能。由此可见，保护农业生态环境，实施的措施是综合性的，是相互配套的。

3. 群众参与性

环境是公众事业，农业生态环境是环境中最重要的组成部分，是关系到人类最根本的物质基础，保护农业生态环境是社会公益事业，应是公共财政支持的重点。但是，从发展中国家和地区来看，首要的问题是发展，在发展中注重和保护生态环境。中国是一个发展中的大国，也是一个农业大国，农业生态环境保护范围宽广。从国家的综合国力分析，尽管国家对生态环境保护与治理十分重视，而真正用于农业生态环境保护的资金是很有限的，只能依靠广大群众重视和参与此项工作为主，国家适当辅助性补贴。农业生态环境污染主要是人类生产活动造成的，那么，改善和保护农业生态环境，同样需要人类自身来积极主动地加以解决。农业生产的经营方式是一种小型的贡献型民营生产单元，而农业生态环境的污染问题，从发展趋势分析，主要是农业生产经营活动中造成的，国家只能将有限的资金用于对农业生态环境污染大、影响大的污染源和污染区进行重点治理，但是，要解决农业生态环境污染，重点不在治理，而在预防，要把预防污染的问题落到实处，还得依靠广大群众的参与，只有广大群众认识和重视了农业生态环境保护工作，在从事农业生产活动过程中，主动不制造污染源，不扩散污染片，才能真正使农业生态环境向好的方面转变。要使广大群众重视农业生态环境保护问题，靠教育，靠技术进步，靠典型示范引路，更靠政策支持，立法保护和市场竞争。因此，农业环境保护工作最重要的是做人的工作。

三、农业资源与农业可持续发展

（一）农业资源

农业资源是指人们从事农业生产或农业经济活动中可以利用的各种资源，包括农业自然资源和农业社会资源。农业自然资源主要指自然界存在的，可为农业生产服务的物质、能量和环境条件的总称。它包括水资源、土地资源、气候资源和物种资源等。农业社会资源指社会、经济和科学技术因素中可以用于农业生产的各种要素，主要有人口、劳动力、科学技术和技术装备、资金、经济体制和政策以及法律法规等。

在农业发展过程中，农业资源已成为评价和衡量农业可持续发展的重要指标，是农业可持续发展的基础。所以，节约和合理开发利用农业资源，解决农业资源日益尖锐的供需矛盾，实现农业资源的可持续利用，是实现农业可持续发展的关键。

（二）农业可持续发展的内涵

中国农业可持续发展首先就意味着发展。中国作为发展中国家，只有发展才能满足人们日益增长的农产品需求；这种需求不仅指数量增加上的满足，更应指农产品质量提高上的满足。

农业可持续发展关键在于保护农业自然资源和生态环境。农业可持续发展就是要把农业发展、农业资源合理开发利用和资源环境保护结合起来，尽可能减少农业发展对农业资源环境的破坏和污染。

（三）中国农业可持续发展特征

1. 生态可持续性

要保证农业生产的物质基础——农业资源环境的可持续利用，只有遵循自然生态规律，保持生态平衡，才能实现农业可持续发展。

2. 经济可持续性

农业可持续发展是指农业产量稳定持续增长，农产品质量不断改善，农业生产率稳定提高，农民收入和农业经济效益可持续增长。

3. 人口适度性

人口是重要的经济资源，但是作为消费者又给农业资源、农业生态环境带来了巨大的压力。因此，必须控制人口数量，努力提高人口素质，增加人力资源的资本存量，才能保证农业可持续发展。

4. 农业增长方式的集约性

科学技术是农业可持续发展的动力源泉，农业科技特别是农业高新技术的推广和应用，能使农业增长从单纯依靠资源和环境转移到依靠科技进步和提高劳动者素质，提高农业增长的科技含量。

5. 目标的多元性

农业可持续发展不仅要提高农业产品的产出率、产品质量和农业经济效益，而且要注重生态效益和社会效益，把社会进步和资源环境保护放在首位，追求经济效益、社会效益和生态效益三者的统一。

第二节 农业生态环境保护的地位和作用

一、农业生态环境保护的意义

农业生态环境保护工作的意义，人们经历了一个从不认识到认识并逐步深化的过程。

而这个认识过程是从工业革命带来生产力进步、社会繁荣的同时开始的，在承受着环境污染和资源破坏的煎熬中觉醒，自觉地把环境资源保护问题提上了议事日程。在我国，长期以来往往把环境与资源保护工作狭义地理解为治理三废污染，后来逐步认识到，保护环境必须是大环境的保护，在防止污染和其他三害的同时，也包括保护改善生态环境和生活环境，防止资源浪费和生态破坏。

自然环境是农业环境的基础，自然环境与农业环境有着直接关系。农业生产对环境的依赖性很大，如果有良好的水质、肥沃的土壤、洁净的空气、充足的阳光、适宜的温度，在没有或少有其他自然灾害的情况下，农业生产会带来丰收或大丰收；如果农业环境某些因素遭受破坏或污染，不仅直接影响农产品产量，而且还严重威胁着农产品质量安全，进而影响人类的健康。

农业生态环境，是人类赖以生存的物质基础。农业环境如果出现问题，将会影响人类的生存、繁衍和兴衰。人类和农业环境的关系密切，这种关系主要是通过人类的生产、消费和社会活动表现出来的。人类与农业环境的关系既是相互制约，又是相互促进的。在良好的农业环境条件下，人类通过本身的生产活动可以从农业环境中获取物质、能量、信息；人类也可以通过一些有益的活动使农业环境得到保护和改善，这是相互促进的一面。相互制约的一面，主要是人类违背自然规律，不科学地或者过度地开发资源，引起农业环境恶化，殃及人类安全。因此可以说，不论是人类的生产活动，还是生活活动，无不受着环境的影响，同时也无不影响着环境。所以，保护农业环境、提高农业环境质量对农业可持续发展、提高人体素质、树立国际形象、促进民族兴旺发达至关重要。

二、农业生态环境保护的作用

农业生态环境保护的作用，是随着农业环境问题的产生和加剧，给人类和社会带来公害的过程中，逐步引起了社会广泛关注和重视。农业环境问题主要是随着人类生产活动和社会经济发展而引起的。由于人类在农业生产和生活活动中忽视对环境的保护，往往影响农业环境的质量向反向变化。这些变化反作用于人类的生产和生活，甚至危及人类的生命。

农业生态环境是自然环境的重要组成部分，自然环境的污染与破坏必然要影响到农业环境的污染和破坏。说到底，环境问题的起因，主要来自自然资源过度开发和盲目利用。包括对土地、矿产、森林、水、动物、植物等不合理的开发利用。这些自然资源是有限的，有许多是不可再生的，不是取之不尽用之不竭的。有的资源虽然可以再生，但也需要相当长的过程。在社会发展、工农业现代化建设和人口不断增长的过程中，资源开发的深度和广度越来越大，而培育保护跟不上。有些资源已很短缺，甚至濒临枯竭。森林过伐、水资源超采、草场过牧造成生态平衡失调，水土流失、土壤沙化、碱化、盐渍化等严重问题，再加上工业"三废"和农业面源污染的环境问题正成为世界性的问题。

农业生态问题主要表现为三大方面。一是工业化生产引发的环境污染，即点源污染。如工业"三废"产生的垃圾、土壤污染等。这类的环境污染，一般说来主要是产生在传统的工业进程发展较快的国家和地区；二是农业面源污染，即非点源污染。如农业生产中化学农药、化学肥料、农膜、调节剂等大量施用和畜禽的养殖集约化生产等，给农业环境、农副产品等带来的污染。这类环境污染，主要集中在以人口众多、传统农业生产为主的国家与地区；三是生态破坏。

三、农业生态环境保护发展趋势

环境是一个全球性的问题，作为环境保护的重要组成部分——农业生态环境保护，在世界各国都取得不同程度的进步，并呈现出明显的区域特点，主要有以下7个方面发展趋势：

第一，涉及范围和科学领域扩大。农业生态环境保护的研究范围正从狭义的农业扩展到资源、生态、环境、经济、技术、管理等诸多领域，研究对象也由种养业向水产业、林业、加工业、旅游业等产业综合发展，表现出很强的整合性和复合性。

第二，研究内容多样化。既包括不同专业与学科的微观研究，也包括农业环境保护战略的管理研究。既有理论问题的探索与思考，也有具体技术与操作方法的研究。既有对国家与地区性的农业生态环境保护方法与实践的研究，也有国际化的技术交流与合作。

第三，研究生态环境保护与农村发展紧密结合。无论是发展中国家还是发达国家，在农业生态环境保护的研究与实践中，都强调与农村的综合发展相协调和相统一，因为没有农村经济的发展，农业生态环境保护就失去了物质基础而难以为继。实际上，农业生态环境保护的研究往往与农村发展紧密联系在一起，已成为各国农业发展的战略目标，也只有同时实现了农民收入和生活水平不断提高、资源和环境得到有效保护和持续利用，以及农村经济结构不断优化和综合效益不断提高，农业生态环境保护才算有成效，才算有真正的意义。

第四，重视现代科技的作用。科学技术正成为农业生态环境保护的最主要动力，特别是发展中国家由于管理水平低和技术落后，科技进步促进农业生态环境保护的潜力依然很大。但在发展新技术的同时，还要注重汲取和发扬各国传统农业生态环境保护技术的精华，要因地制宜，将两者有机结合起来，共同促进农业环境保护事业的发展。

第五，重视农业生态环境保护的力度和执法工作。从长远发展看，农业生态环境保护工作要规范化、制度化，相关部门的重视是必要的和不可缺少的。

第六，注重可操作性和适用性。农业生态环境保护作为环境保护基本国策的重要内容提出来，很快就发展成为一种实践，其实践和理论研究，与国际技术交流紧密相联。正因为如此，农业生态环境保护事业的发展具有很好的应用性和可操作性，要求对不同经济、社会和资源状况，采用不同的农业生态环境保护的发展模式与措施，从而以最小的代价实现农业环境保护和资源最佳的配置，从而取得最大的效益。如生态农业建设、无公害农产品生产等等，这些既适用于领导者的宏观决策，又是一些单项可行的农业环境保护的生态模式与技术，具有很强的社会认同性。

第七，重视国际合作与交流。不同国家在探索农业生态环境保护的发展过程中，逐步形成了形式多样、各具特色的理论、道路和模式，都有成功的经验，也有失败的教训，而这些对其他国家而言，都是宝贵的财富，都值得学习与借鉴。特别是在当前国际经济趋向一体化的过程中，农产品的国际大流通，必然伴随着农业生态环境保护无国界化，是人类生存与发展的共同需要。因此，加强国家之间、地区之间的技术合作与交流，对于发展本国的农业生态环境保护工作将起到取长补短、事半功倍的效果。

第三节　农业生态环境保护的基本思路与工作任务

一、农业生态环境保护的指导思想

以促进农业结构战略性调整、农业增效、农民增收为目的，以改善农业生态环境、保障农产品有效供给和质量安全为出发点，以发展生态农业、无公害农产品生产、控制农业面源污染和完善与加强农业环境监测体系为重点，逐步实现农业生态结构合理化、技术生态化、过程清洁化、产品无害化，促进农业和农村经济可持续发展。

二、农业生态环境保护的基本目标

第一，全国农业环境污染要得到基本控制，农业生态恶化的趋势要得到有效遏制，重点农业区的环境质量要有所提高，农业环境总体状况要有所改善。

第二，农产品质量要基本符合国家和国际上关于食品卫生标准的要求，要基本达到"安全食品"或"绿色食品"的要求。

第三，农业自然资源的综合开发利用要更为合理，可再生能源和资源的开发利用与新型适用技术的推广应得到加强，生态农业的水平要有进一步的提高。

第四，农业生态系统要基本进入良性循环，农业生产要基本走上持续、稳定、协调发展的轨道。

第五，农村生产和生活环境要清洁、优美、安静并进一步提高，与国民经济的发展和人民生活水平的提高相适应。

三、农业生态环境保护的基本原则

（一）坚持整体规划，分步实施的原则

现代科技进步和信息产业的发展，全球资源共享和经济互利会更加紧密，世界逐步成为一个整体的生态经济系统。因此，无论是从农业生态环境保护，还是开发和利用优质环保农产品品牌，带动农业经济的发展，都必须着眼世界农业经济动态。①通过贸易自由化促进可持续发展；②使贸易与环境相辅相成；③向发展中国家提供充足的财政资源，并处理国家债务；④鼓励有利于环境与发展的宏观经济政策。这些规定将成为今后协调全球贸易与环境问题的基本国际通则。中国是一个农业大国，也是农产品贸易进入潜在的大市场。中国以农产品为主的农业经济在国内外市场是否有所作为，关键要看以农业生态环境为载体的农业产业发展如何。所以，研究中国农业生态环境与农业经济协调发展的问题，要放在国内外这个开放的大市场来研究。否则，外向型农业经济不仅难以迈开步子，而且国内的市场也会被外来农业经济所占据。当然，在坚持整体规划，统一标准和质量要求的同时，要结合我国的实际，搞好不同类型的区域布局，因地制宜地实行分类指导，把高标准，严要求落到实处。

（二）坚持突出重点，联合行动的原则

农业生态环境问题是不受国界限制的，任何带有狭隘的民族主义、局部利益、部门效益的观念来保护农业生态环境，发展农业经济都是无济于事的。农业生态环境是人类生存的基础，是全社会共同关心的公益性事业，它是衡量社会进步的一把尺子，理应由政府运用公共财政和法律、法规进行综合治理与管理。农业生态环境关系到人类的身心健康，需要动员全社会的力量联合行动，才能使农业生态环境恶化的问题得到控制，并逐步好转。

（三）坚持"两手抓"，力创品牌的原则

"两手抓"，就是一手抓农业生态环境建设与农业清洁规范生产相结合，使其从农产品基地到生产全过程始终受控于良好的农业生态环境下，为优质环保农产品奠定基础；另一手抓高起点农产品产业链建设与力创优质环保名牌商品相结合，真正实现好地（基地）出好品（农产品），好业（农产品高新产业）出名牌。农产品要成为名牌，并且能被市场和社会消费所接受，认同为优质环保型名牌产品，不是一件轻而易举的事。从供求和营销的程序上讲，最基本的必须经过4个阶段。首先，以优质环保型农产品进入市场，通过各种营销手段，引导消费潮流和唤起消费欲望的潜力，有批量生产的可能与能力，并有得天独厚的规模生产基地和先进的生产工艺与流程，以增强经济环保型优质农产品品牌的感性度；其二，从基地选择到组织生产加工的全过程，按严格的标准实施，以增强环保型优质

农产品品牌的理性度；其三，产品通过权威机构进行第三方公正性检测与评价，以增强环保型优质农产品品牌的社会可信度；其四，通过对环保优质农产品的严格审定和系统性的品牌管理，以增强环保优质农产品品牌的稳定性。

（四）坚持发展农业产业，提高农产品循环增值的原则

建立农产品产业链，既能使农产品增值，改善农业产业结构，提高农业经济效益，增加就业岗位，又能使从农业生产到农产品物质流动、能量流动和产品流动的良性系统循环，把保护农业生态环境与发展农业经济有机结合。要使农产品循环增值，并达到名牌精品的水平，其前提是科技进步。在这方面发展中国家在国际贸易上处于非常不利的位置。

（五）坚持开发与保护并重的原则

一方面对新开发利用的农业生态资源，要采取利用与保护并重的方针，防止新一轮农业生态环境的恶化，在这一点上我们曾经有过深刻的教训。在今后农业综合开发和国家大量投入的生态环境治理项目中，要在开发与治理项目启动前，从实际出发，进行有序的综合规划，防止违背科学，不顾客观实际，追求精、新、近的路边项目、政绩项目。在实施农业综合开发和农业生态环境保护上，逐步建立起农业生态环境影响评价制度，注重农业工程措施与农业生物措施紧密结合，特别是在山区坡改梯的过程中，要注重"生土熟化"的农艺措施的配套，以提高农业资源有效利用率。另一方面，在开发农产品产业链的过程中，勿求多，但求高，不能一强调农业产业化，就遍地开花，大铺摊子，出现低水平的重复建设，防止出现低附加值、低效益或无效益，持续牺牲环境求效益的运营机制，使农业生态环境出现新的点源污染。要利用高新技术与传统技术嫁接，从技术到管理上实现高起点，真正实现农业由粗放型生产经营向集约化生产经营转变。

四、农业生态环境保护的基本任务

第一，要加快构建农业农村生态环境保护制度体系。

构建农业绿色发展制度体系。贯彻落实中共中央办公厅、国务院办公厅印发的《关于创新体制机制推进农业绿色发展的意见》，建立农业产业准入负面清单、耕地休耕轮作、畜禽粪污资源化利用等制度。

构建农业农村污染防治制度体系。推动建立工业和城镇污染向农业转移防控机制，构建农业农村污染防治制度体系，加强农村环境整治和农业环境突出问题治理，加快补齐农业农村生态环境保护突出短板。

构建多元环保投入制度体系。建立健全以绿色生态为导向的农业补贴制度，推动中央资金投入向农业农村领域倾斜。培育新型市场主体，推动农业农村污染第三方治理。

第二，要着力实施好农业绿色发展重大行动。

强化畜禽粪污资源化利用。以资源环境承载力为基准，优化畜禽养殖区域布局，严格划定禁限养区，推进畜牧大县畜禽粪污资源化，推动形成畜禽粪污资源化利用可持续运行机制。

第三，要稳步推进农村人居环境改善。

加强优化村庄规划管理，加大农村垃圾污水治理力度，推进"厕所革命"，提升村容村貌，打造一批美丽休闲乡村和精品旅游景点，把农村建设成为农民幸福生活的美好家园。

建立农村人居环境改善长效机制。发挥好村级组织作用，增强村集体组织动员能力，支持社会化服务组织提供垃圾收集转运等服务，同时鼓励农民投工投劳，开展环境整治。

总结推广典型经验。学习借鉴浙江等先行地区经验，开展农村人居环境整治争创示范活动，通过试点示范不断探索积累经验，及时总结推广一批先进典型。

第四，要大力推动农业资源养护。

加快发展节水农业。推进高标准节水农业示范区建设，推广节水品种、喷灌滴灌、水肥一体化等旱作农业技术。

加强耕地质量保护与提升。全面提升耕地质量，加强农田水利基本建设，加强旱涝保收、高产稳产高标准农田建设。以任务精准落实到户、补助资金精准发放到户为重点，完善轮作休耕制度。

强化农业生物资源保护。加强水生野生动植物栖息地和水产种质资源保护区建设，大力实施增殖放流，完善休渔禁渔制度，合理布局水产养殖空间，深入推进绿色健康养殖，严厉清理整治"绝户网"。加强种质资源收集与保护，防范外来生物入侵。

第五，要显著提升科技支撑能力。

突出创新联盟作用。依托畜禽养殖废弃物等国家科技创新联盟，开展产学研企联合攻关，合力解决农业农村污染防治技术瓶颈问题。

加强产业技术体系建设。实施《农业绿色发展技术导则（2018—2030年）》，推进现代农业产业技术体系与农业农村生态环境保护重点任务和技术需求对接，促进产业与环境科技问题一体化解决。

第四节　农业生态环境保护的基本职能与保障措施

一、农业生态环境保护基本职能

农业生态环境保护从宏观上明确为四大职能：一是组织生态农业建设试点和技术推广；二是指导农业生态环境监测，包括基本农田保护区内土地环境质量的监测、农业面源污染监测和农业生态环境监测；三是承办农业生物多样性保护和管理的协调监督，包括农业环境管理与执法；四是对农业生态环境保护的技术研究、示范与推广，包括农产品质量安全环境管理、规划、计划和环境体系建设与产品环境质量评价工作。

二、农业生态环境保护基本工作内容

（一）开展农业生态环境状况调查和质量评价的保护工作

①对农业水系、海域、大气、土壤、地下水等农业资源的调查和评价；②对影响农业生态环境的污染源和污染物的调查；③污染物对人和生物影响的调查。

（二）开展综合防治农业生态环境污染技术研究与示范保护工作

随着工业发展和大量农用化学品投入，农业生态环境保护的任务分为工（业）农（业）两大方面的。工业是"三废"对农业的影响，这种影响的污染源是固定性的，随着工业技术改造，污染呈下降趋势。农业生产过程中由于大量和不科学地使用农用化学物质（农药、化肥、农膜、调节剂等），对农业的影响则呈现出不确定性、广域性、防治起来难度大。所以，农业生态环境保护的任务焦点由工业为主，逐步转移到工农并重和以农业为主。农业生态环境保护的技术措施由单项逐步转向综合防治，把工业污染治理"三同时"与农业的工程措施、生物措施、生态措施有机地综合起来，开展农业生态环境保护的技术研究与示范。

（三）开展农业自然资源和农业开发利用的保护工作

自然资源是社会生产的物质保证，保护自然资源是为了更好地开发利用，使现有的资源为人类做出更大的贡献。如果不加以保护地随意开发，违背了客观规律，就会破坏资源，浪费资源，甚至造成资源枯竭。但如何保护资源进行合理开发、科学利用呢？首先要研究资源的性质、分布和储量、可开发量与生产需要的关系；研究开发量与更新的关系；研究开发的正负效应等。农业开发利用是人类对自然环境进行各种各样的干预。农业生产就是人类干预，使自然生态系统成为农业生态系统的过程。因此，农业生态环境的变化与人类的干预活动有着直接或间接的关系。污染物在农业生态系统中通过食物链进行传递积累和转移，最后进入食品危害人类。但是人类可以通过各种活动影响污染物质的循环，改变食物链结构，以保护环境、保护人类不受危害。因此，深入细致地研究人类活动对生态系统的影响，研究各种污染物质在土、水、气和生物体中的动行规律及运行机制，是农业环境保护的重要任务。

（四）开展农产品生产全过程的质量安全保护工作

农产品质量安全问题，是一个复杂的问题，牵涉到的部门多，但是，从农产品遭受污染的过程看，绝大多数是生产过程中引起的污染，因此，农业生态环境保护密切配合农业部门内部其他相关业务专业，加强对农产品质量安全生产全过程的监控、保护，则是其主要工作任务之一。

（五）开展农业生态环境质量标准和监测分析方法制订的保护工作

农业环境质量标准和监测分析方法是搞好农业环境评价，研究防治措施的理论依据和实施基础。农业环境中污染物的成分含量比较复杂，有时是多种物质混在一起，有时经过一定的反应过程又形成更为复杂的污染物。污染物又常受环境因素（如大气、降水和温度、湿度）的影响，含量随时发生动态变换。由于污染物的含量一般很小有时是微量或极微量的，通常用 $\times 10^{-6}$、ppm 或 ppb 来表示。又由于经常发生动态变化，所以预测难度较大，稍有不慎就难以捕捉到准确的测定结果。因此，农业环境质量标准和监测分析技术要求严格，精密度要求高。所以，开展农业环境质量标准和监测分析方法的制订，是农业环境科学发展的需要，也是发展国际贸易技术壁垒的需要。

三、农业生态环境保护重点工作

（一）大力开展生态农业建设

一是继续抓好生态农业示范县建设。通过实施基本农田建设工程、农药残留降解工程、农业废弃物资源化利用工程、农业面源污染控制工程等重点工程措施和各类生态专业技术与模式，尽快改变农业生态环境污染加剧的状况。同时，积极推动省级生态农业示范县建设，扩大生态农业建设范围和规模；二要开展重点区域生态农业建设，结合西部大开发战略，在生态脆弱区、农牧交错带、三峡库区和部分集约化农区加大生态农业建设力度，努力创新适合本地区的生态农业发展模式，推进生态农业产业化进程。

（二）开展重点区农业面源污染防治

一要摸清重点区域农业面源污染在整个流域污染中的份额，查明主要原因，研究提出防治面源污染的政策、措施和管理机制，并因地制宜地做好农业面源污染防治规划，开展试点示范；二要针对部分农产品农药、亚硝酸盐、重金属等超标问题，大力推广生物农药和生物防治技术，改进施药器械，降低农药散失和残留，通过推广有机肥、配方施肥等措施，提高化肥利用效率，减少化肥氮、磷流失，减轻对水体、土壤和农产品的污染；三要开展废旧地膜、秸秆、畜禽粪便等农业废弃物的综合利用工作，加强综合利用的技术研究促进农业废弃物的综合利用。

（三）加强农业资源管理和合理利用

一要加强野生植物、水生动物的进出口、采集、捕猎、销售管理，加强野生动植物的合理保护；二要继续加大自然保护工作力度，对重点农业生态功能区、名特优稀农产品主产区、农业近亲缘野生生物和名贵家畜家禽实施重点保护，保护重点鱼类的产卵场、孵化场、越冬场及洄游道和对渔业生态平衡有影响的湿地；三是开展农区生物多样性调研，建立资源数据库和补充收存农业物种和野生亲缘种质资源，建立农业生物多样性合理利用示范区（点）。

四、农业生态环境保护工作的保障措施

（一）农业生态环境保护体系建设要在稳定中提高

农业生态环境保护是一门新兴的复合型技术，它既含有宏观决策的综合参谋性任务，又需要具有多个行业单项专业技术性强的人才，特别是随着全社会环境意识的提高，农业生态环境保护的责任和任务越来越重，因此农业生态环境保护的体系建设将愈来愈重要。

（二）农业生态环境保护的工作定位要明确

按照国家机构改革对行政和事业单位的定位定事的划分，农业生态环境保护体系应该是一种公益性的，并具有委托立法和执法权力的事业单位，其所需的机构编制费和工作经费，应由公共财政给予解决，以确保其体系能更有效地为社会和公众服务。

（三）农业生态环境保护工作要有所为，有所不为

农业生态环境保护工作职能和任务，是授予该体系的权利和义务，应努力争取落实到位。但是，农业生态环境保护工作职能和任务是就整体而言的，各地的实际不同，在开展农业生态环境保护工作时，要力求突出重点，实实在在地干一两件实事，不求面面俱到。

农业生态环境工作要始终以为农业生产、农村经济、农民增收有效服务为宗旨，重点要在三个方面有所为：

①要在反映情况，及时科学当好参谋服务上有所为。要在农业产业结构调整、生态农业布局、基本农田和农产品安全质量等方面，结合业务特点，搞好调查研究，针对转型时期的特点，当好各级领导的参谋。要在生态农业示范基地、无公害农产品示范基地上蹲点示范，办样板，在取得成效的基础上，写出专题报告，为领导当参谋。要在影响农业生态环境和农产品质量安全等社会敏感问题上取得成效，并在具有典型性的基础上，当好领导的参谋。

②要在农业环保先进而具有可操作性的实用技术服务上有所为。主要是农业高效生

态模式技术、湖区避灾防灾减灾生态技术、无公害农产品生态生产技术、山区生物固土技术、矿业污染区作物调整和土壤改良技术等，根据不同地区实际情况，分类指导和办点示范，让农民看得见，学得上，能见效。

③要在农业质量安全综合检测上有所为。农田生态环境安全和农产品质量是社会反映敏感的公害问题。农业生态环境保护工作者是责无旁贷。要在与人们日常生活息息相关的大宗农产品上入手，积极主动地配合有关部门和专业，实施从"农田到餐桌"全过程的监控示范，及时向决策者和消费者提供科学有效的信息与解决问题的对策措施。如在蔬菜、茶叶、水果等农产品的生产过程中，可先行一步，逐步取得经验后，在其他大宗农作物上加以示范推广。

第二章 农业污染防治

第一节 大气污染

一、大气的结构与组成

地球周围的大气总质量大约有500多万亿吨，相当于地球质量的百万分之一。在大气中从地面垂直向上90～100公里范围内，大气成分的比例基本不变，称匀气层。但随着高度的增加，空气越来越稀薄，大气主要集中于大气层的最下部，大气质量的一半集中在大气层底部5～6公里范围以下。

（一）大气的垂直结构

按照大气的温度、组成成分和其他性质可将大气垂直向上分为5层：对流层、平流层、中层、暖层和散逸层。其中与人类密切相关的是下部的对流层和平流层。

1. 对流层

对流层位于大气层的最下层，厚度约为8～18公里，随季节和地理纬度的变化而变化。这一层大气占整个大气质量的3/4，主要天气现象（降雨、雪、雾等）和大气污染多发生在这一层。对流层的特点：大气上下交换强烈，温度随高度的增加而降低。

2. 平流层

在对流层之上，从对流层顶至55公里高度处为平流层。平流层中大气上下交换很弱，多为水平运动，比较干燥，天气晴朗，无云、雾、雨、雪等天气现象，是超音速飞机飞行的理想场所。在平流层中有一层与地球上生物关系较密切的臭氧层，臭氧层虽不厚，但可以阻挡太阳的紫外线，使地球生物免遭紫外线的伤害。但由于地球环境污染在加重，已影响到臭氧层的厚度，引起人类的关注。

平流层之上还有中间层、暖层和散逸层。

（二）大气的组成

自然界的大气是由许多混合气体组成的混合物，除气体外还有水滴、冰晶、灰尘、花粉等。除去水分和杂质的混合气体称干洁大气，干洁大气主要成分为氮气、氧气、氩气，另外还有二氧化碳、氖、氢、氙等。

二、危害农业的主要大气污染物及来源

人类的生产、生活活动以不同的形式排入大气中的污染物，包括气体、液体、固体等，其中，对植物体产生危害的污染物主要有：二氧化硫、氟化氢、臭氧、氯气、过氧乙酰硝酸酯、乙烯、氮氧化物、氟化硅、氰化氢、硫化氢、氨气、磷化氢、三氯化磷、甲胺、甲醇、苯、酚等。

各种大气污染物对植物的毒性不一样，按毒性强弱分为3级：A级，毒性最强，例如氟化氢、氟化硅、氯气、乙烯、过氧乙酰硝酸酯等，这些气体在大气中含有较低的浓度就对植物产生危害；B级，毒性中等，有二氧化硫、硫酸烟雾、氮氧化物、硝酸烟雾等，这些污染物对植物的毒性为中等；C级，毒性属于较弱，有甲醛、一氧化碳、氨气等，它们可在较高的浓度下对作物产生危害。以上各种情况是指某污染物在大气中的浓度达到对作物产生危害，产生"烟斑"，表现症状，从而使作物受伤害而减产。另一种情况，污染物浓度虽未达到使作物产生危害，表现症状，但浓度已达到使作物内部产生生理、生化方面的反应，从而使作物生长减慢，产量降低等，这种情况也不容忽视。最为普遍的是大气中污染物浓度较低，但污染物易在作物体内积累，使农产品品质下降，通过食物链而危害到人体。

大气中污染物主要来源于两个方面：一方面是自然产生的，如火山爆发产生的硫化氢、粉尘等；稻田产生的氮氧化物、甲烷等。这种自然源人类难以控制。另一方面，由于人类活动而产生的污染源，这种污染源随着社会的进步，排放种类和数量有所增加，这是对农业生产产生影响的主要方面。如工业企业排放的废气，家庭炉灶产生的烟气；交通运输中的汽车、轮船、飞机等产生的废气；农业生产过程中产生的废气，例如：使用农药的挥发，化肥施用中产生的氮氧化物等。

三、主要大气污染物对农业的危害

（一）大气污染物对植物伤害分类

大气污染物对植物的伤害有三种情况：

1.急性伤害：植物叶子出现水渍斑点，进一步枯死脱落，全株枯死。

2.慢性伤害：在浓度较低，接触时间较长时，叶片退绿、枯黄、植物体内污染物积累。

3.不可见伤害：从外观上用眼观察不到任何反应，但生理代谢受影响，生长发育受阻，农作物品质下降。尤其是蔬菜老化，不耐贮存，易腐烂等。

（二）主要大气污染物对作物危害症状

1. 二氧化硫

燃料所含的硫在燃烧过程中大部分转化为二氧化硫。目前世界上每年向大气中排放二氧化硫1.5亿吨，二氧化硫是普遍存在的大气污染物，我国大气污染以二氧化硫为主。

二氧化硫易对植物产生伤害，其可见症状主要表现在植物叶片上叶脉之间的伤斑，由于二氧化硫有漂白作用，而使伤斑因漂白而失绿，渐变成棕色坏死。由于受叶脉限制，叶片病斑呈不规则点状、块状、线状，严重时整片叶枯死。二氧化硫首先危害功能叶，严重时其他叶片也受害。

麦类作物受二氧化硫危害叶部症状：首先是叶片变淡绿或灰绿色，萎蔫，有白色点状斑，严重时叶尖卷曲，麦粒变小。麦芒易受害，常作为警报材料，在其他部位未受害时，麦芒首先失绿干枯。

水稻受二氧化硫危害症状类似于麦类作物，幼穗形成期至开花期最易受害，注意在此期间控制大气中二氧化硫浓度。

蔬菜受二氧化硫危害主要是叶片，受害程度与蔬菜种类有关。萝卜、白菜、青菜、番茄等叶片出现灰白斑或黄白斑；葱、辣椒、红豆、豌豆、洋葱、韭菜、油菜、菜豆和黄瓜出现浅黄或浅土黄色伤斑；茄子、胡萝卜、土豆、南瓜、地瓜出现褐色斑；蚕豆出现黑斑。

果树受二氧化硫危害时，叶片呈白色或褐色。梨树先是叶尖、叶缘或叶脉间退绿，渐变成褐色，几天后出现黑褐色斑点。葡萄在叶片中央出现赤褐色斑点。桑树受二氧化硫污染后，叶片呈红色，严重时出现烟斑，在叶片内积累，进一步危害蚕的消化器官。

不同的植物在同样环境条件下对二氧化硫的敏感程度不一样，可以利用这种特性来为农业生产服务。如在二氧化硫浓度较高的区域种植抗性强的作物。作物的不同生育阶段抗性也不一样，例如谷类作物抽穗开花期，以果实为产品的植物开花期都易受二氧化硫危害。

2. 氟化物

危害植物的氟化物主要是氟化氢、四氟化硅、氟硅酸等，以氟化氢污染最普遍，毒性最大，影响最严重。氟化物对植物危害的毒性比二氧化硫大10～100倍，大气中含有1×10^{-9}～5×10^{-9}，较长时间接触就会使敏感的植物产生伤害，叶片失绿、产生伤斑、落叶和枯死等，严重时可以使植物死亡。农作物受害后造成减产和品质降低，如水稻受害后空瘪率增加，籽粒不饱满；小麦麦粒萎缩，出粉率降低；果树受害后叶片易脱落；林木受害后生长量降低，严重时成片森林死亡。

生长在磷肥厂、铝厂或其他氟化物污染源附近的葡萄等果树，结果率降低，果实含糖量减少；可使成熟前的桃、杏等果实在沿缝合处果肉过早成熟，呈现红色、软化，降低果实品质，桃子会出现硬尖。

植物对氟化物有很强的吸收能力，污染区植物叶片含氟量明显高，通过食物对动物和人体产生危害。例如，牧草含氟量高，牲畜食后在体内积累，牲畜引起氟骨病，关节肿大，甚至死亡，这种现象在我国大气氟化物污染较重的牧区经常发生，对畜牧业影响较大。

氟化物危害植物叶片的典型症状：首先是叶尖和叶缘部位出现伤斑。由于氟化物进入叶片后随蒸腾而流动到叶尖或叶缘，水分蒸发后，氟化物留在叶尖或叶缘。大气中氟化物浓度较高时，植物对氟化物吸收较快，经常发生大面积的伤斑，甚至全叶黄化、死亡。

氟化物危害植物的另一个特点是：受害组织与正常组织间形成明显的界限，有时在两者之间产生一条红棕色的色带。多数植物在扩展中未成熟的叶片易受害，因而植物枝梢顶端易枯死，成熟叶抗性较强，不同植物受害症状也有差别。

氟化物危害植物的浓度要比二氧化硫低得多。接触时间的长短，对植物产生的危害程度不一样。即使氟化物浓度不高，只要接触时间较长，植物体中氟化物积累到一定数量也能产生危害。

植物的不同品种和种类之间，对氟化物的敏感性有很大的差异，非常敏感的植物如杏、唐菖蒲在 1×10^{-9} 的氟化物中，一定的接触时间就会产生伤斑，而大多数植物在这种浓度下，接触时间长几倍也不会受害。

3. 氯气

氯气进入植物叶片后，对叶肉细胞有很强的杀伤力，能很快地破坏叶绿素，使叶子产生退绿伤斑，严重时会全叶漂白、枯卷，甚至脱落。

氯气危害植物叶片引起的伤害症状与二氧化硫危害症状比较相似，受害伤斑主要分布于叶脉之间，呈不规则点状或块状，其特点是：受害组织与正常组织之间没有严格的界限，同一叶片上常常分布着不同程度的受害伤斑或失绿黄化，有时呈现一片模糊，这是与二氧化硫危害的主要区别。

叶龄不同，对氯气敏感程度不一样，与二氧化硫类似，刚成熟已充分展开的叶片最易受害，老叶次之，未充分展开的幼片不易受害。因此，当发生急性伤害后，枝条顶端的幼叶仍能继续生长，这与氟化物危害情况不同，氟化物危害往往能使枝条顶端未充分展开的幼叶严重伤害，而使顶端生长点不能继续生长。

对针叶树讲，当年生叶比去年生叶易受害，特别是新叶初展时最为敏感。

氯气对植物的毒性比二氧化硫大 3 ~ 5 倍，1×10^{-7} 的氯气熏气 2 小时，能使敏感的植物如萝卜及十花科植物受害；5×10^{-7} 的氯气，3 小时熏气，能使桃树受害。1×10^{-6} 的氯气对几种松树熏气 3 小时，针叶都明显受害。当然，危害植物的浓度不是绝对不变的，环境条件、季节变化、植物年龄、生长发育状况均会影响到植物的抗性。幼苗比成年树敏感，处在旺盛生长阶段的植物比老熟阶段敏感；花期最为敏感，休眠期抗性最强；一天中以中午最敏感，晚上敏感性降低，则不易受害。

不同植物敏感性不一样。敏感植物有：白菜、青菜、菠菜、韭菜、葱、番茄、冬瓜、大麦、水杉、赤杨等。抗性中等的植物有：甘薯、水稻、棉花、西瓜、茄子、辣椒、玉兰、石榴、月季等。抗性较强的有：茭白、红豆、狗牙根、银杏、枣、刺槐、臭椿、桑、丁香、木槿、山桃、无花果、瓜子黄杨等。

4. 乙烯

作为大气污染物的乙烯，由于对人体影响较小，因而并不引起人们的普遍注意。但对植物的影响却十分大。乙烯是植物体的一种内源激素，植物本身产生极微量，控制调节生长发育过程。当大气中乙烯较多时，就干扰植物的正常生长发育。

在高压聚乙烯车间周围观察到玉米、大叶黄杨、瓜子黄杨等20多种树木、花卉在乙烯的影响下，叶片脱落，死亡；夹竹桃、黑松等10多种植物虽然能生长而未死亡，但大多数出现了生长异常现象；一些对乙烯敏感的植物，如芝麻、棉花、豆类、瓜类植物的花和结不正常脱落，造成结荚、结果、结瓜减少。乙烯对植物危害产生的症状比较复杂，不同植物产生的症状不一样。

5. 氧化烟雾

氧化烟雾成分比较复杂，主要成分是臭氧、过氧乙酰硝酸酯、氮氧化物等，其中，臭氧约占90%以上。

（1）臭氧

臭氧是氧化烟雾的主体，对植物有很强的毒性，对农业危害很大。特别是工业发达的国家，是危害农业最严重的大气污染物。随着工业及交通业的发展，我国大气环境中臭氧浓度也在加重。

臭氧对植物的危害主要表现在以下几个方面：叶片的症状首先发生在成熟的叶片上，幼嫩叶片不易发生危害。叶片黄化，退色变白。植株生长受阻，芽的形成和开花均受抑制。还能抑制植物生长和引起器官脱落。

（2）过氧乙酰硝酸酯（PAN）

过氧乙酰硝酸酯对植物的毒性很强，在比臭氧浓度低10倍时就能对植物产生伤害。在危害作物时，初期叶片背面呈银灰色或青铜色，严重时变成褐色，且叶正面也表现症状。受害症状多发生在幼叶上，很少在成叶上出现。幼叶受害，生长受阻，形成小形叶或畸形叶。

（3）氮氧化物

氮氧化物中主要是二氧化氮、一氧化氮和硝酸烟雾，而以二氧化氮为主。在农业生产中，塑料薄膜栽培植物，若施氮肥太多，转化为二氧化氮，使作物受危害。二氧化氮危害作物的症状类似于二氧化硫，在大气中二氧化氮对植物毒性较弱，一般无急性伤害，环境条件影响较大，在阴天、弱光下作物易受二氧化氮的危害；晴天、强光下不易受害。

6. 固体颗粒物

烟尘是大气中粉尘的主要成分，以煤作燃料的地方均产生烟尘，冶炼厂、焦化厂、钢铁厂若未治理，排放大量粉尘于大气中。对农作物危害常在大城市及工业区周围发生。烟尘中颗粒较大的在污染源周围降落，在各种作物的嫩叶、新梢、果实等幼嫩组织上形成污斑。果实受害后硬化，果皮粗糙，质量降低；在成熟期间受害则易于腐烂。叶片上的降尘能影响光合作用和呼吸作用，引起退绿、黄化，甚至死亡。

粉尘是在机械粉碎、运输、堆积等局部产生。水泥粉尘是产生量较大的一种，它对植物的影响主要在雾、细雨和日光作用下，在植物的叶、花和枝条上形成一层相当厚的水泥壳、膜，影响光合作用、呼吸作用，引起枯死。若降落到花器中，因影响授粉而减产。

7. 塑料薄膜

各种塑料薄膜在农业上应用发展很快，对于农业生产有较大的促进作用，但在一些地区产生了对植物的危害问题。主要是在生产聚氯乙烯过程中加入邻苯二甲酸二异丁酯作增塑剂，这类增塑剂对蔬菜有较大的危害，还可以在植物体内积累，通过食物链而影响人体健康。

蔬菜受塑料薄膜中邻苯二甲酸二异丁酯危害的典型症状是失绿、叶片黄化或皱缩卷曲。油菜、菜花、甘蓝、黄瓜等对之较敏感，表现新叶及嫩叶成黄白色，老叶和子叶边缘变黄，叶小而薄，生长弱，严重时逐渐干枯而死亡。

邻苯二甲酸二异壬酯主要是从薄膜挥发到空气中，经气孔、水孔进入叶肉细胞。产生危害时要迅速更换无毒薄膜，对受害严重的作物要改种其他作物，并更换无毒薄膜。

8. 复合污染

大气污染的环境实际上存在着多种污染物，对植物危害实际是多种污染物共同作用的结果；类似于农药，有些农药相混施用则增效，而有些农药相混则降低效果。大气中两种以上污染物对植物产生伤害，称复合污染的危害。二氧化硫和氟化物或过氧乙酰硝酸酯混合，对作物的危害与各自单独存在时的危害相同，称为相加作用；而二氧化硫与甲醛相混对植物毒性为相乘作用，即两者混合后，毒性比两者单独存在时大大提高；氯化氢气体与氨作用发生中和反应，两者混合对植物的毒性降低。

四、大气污染危害的鉴别

（一）现场调查

1. 了解污染源

调查受害地区附近是否有排放有害气体的工厂、车间或装置以及排放有害气体的种类、数量及排放方式；是否在生产中发生了事故，造成了某种污染物的大量排放。不但要了解固定源，还要注意是否有运某种气体的流动源。同时调查农田施用农药、化肥时是否发生过危害。还要注意气候变化状况，是否有阴雨、闷热、静风等灾害。

2. 观察叶子受害症状

植物若受到有害气体的急性伤害，必然会在叶子上表现伤害症状；叶片的受害症状是判断受害原因的重要依据。但单纯从叶子的受害症状来鉴别受害原因，有时有困难，易与其他因素造成的危害混淆。

冻害的发生与大气污染危害症状较相似，但无方向性，与生长环境关系大，是否发生过严寒也易掌握。

病虫害症状与大气污染危害区分比较容易，昆虫危害后有虫咬的痕迹，可以观察到有害虫；真菌、细菌等病害往往有发病中心，向四周扩散，并且有白粉、霜霉等特征。

施肥、施农药引起的伤害与肥料、农药中有害成分有密切关系，如氨水、碳酸铵造成的伤害能使叶子变白或黑色，多在田间地头局部发生，与不施化肥和农药的可以分清。

缺素症状与大气污染危害症状相似，且无方向性。但一般缺素多发生于老叶，大气污染危害多发生于幼叶、功能叶、幼芽等。

3. 观察植物的受害方式

单凭叶片的受害症状不易鉴别，还要考虑其他特点。①大气污染引起的伤害有明显的方向性。危害方向及程度与风向、风速有关，顺风向危害严重。②植物受害程度与距有害气体源的远近有关，距源越近则受害越重，反之则轻。③障碍物会阻挡气体，障碍物后面的植物可以避免受害。④危害植物种类较多，同一地区不同植物，由于抗性不一样，危害程度、表现症状也不一样。

（二）植物体污染物含量分析

当根据叶片受害症状及现场调查尚不能完全判断受害原因时，就需对植株体内污染物含量进行分析，叶片受害后，植株体内污染物浓度明显提高。取代表性的植株及调查危害区的污染源、气象、生产情况资料，一并送有关单位对样品进行测试，若某污染物明显高于植物的受害浓度，则可以确定为该污染物危害。

（三）损失估算

当排除其他因素，确认为大气污染对作物的危害后，要明确责任，查明污染的原因，要求责任者承担农业生产的损失，要有关部门组织人员对大气污染造成的损失进行估算，包括危害的范围、危害的程度。要客观、公正地作出回答，为仲裁提供科学依据。

五、大气污染防治技术

（一）大气环境监测

环境监测是环境管理的重要手段。长期的大量监测数据可以研究污染物的来源、传输、变化规律，对环境污染趋势作出预测预报，正确评价环境质量，研究污染控制对策。

1. 采样时间

据监测目的不同，确定采样时间，通常考虑以下几个方面：①大气质量标准中规定的时间尺度。大气环境质量标准中规定了不同时间的最大允许浓度，因此大气环境质量的例行监测，或环境质量评价，采样时间和大气环境质量中规定的时间一致。②污染物危害的时间尺度。研究污染物作用于人体或动、植物时，由于作用时间不同，影响和危害也不同，短时间的高浓度可以引起急性伤害，长时间的低浓度也可以引起慢性伤害，因而这时采样时间应和特定危害时间一致。

2. 监测点

由于污染物空间分布的不均匀性，要使某一点的监测浓度代表一个区域的浓度较困难，而在监测中空间上连续性较难，为了正确反映空间浓度分布，监测点布设非常重要。

（1）监测点的数量

不同的目的、范围及精度要求不一样，监测点数目也不一样；局部的详细污染研究，需在较小范围内建立较多的监测点；大范围的平均浓度监测点相对较少。

（2）监测点的分布

监测点在调查区内分布是一个值得研究的问题。一般根据监测项目、目的、地形、地貌、气象等来布设。目前常用扇形布点、同心圆布点、网格布点、功能区布点等。

扇形布点法：以污染源为中心，以主导风向下风向为轴线在45°～90°的扇形范围内布设采样点。若某一污染源排放的污染物对农业生产产生急性伤害，以源为中心，向下风向扇形布点，分析监测，了解污染范围、程度等。

同心圆布点：单个或多个污染源集中，为了搞清它们对周围区域的污染，可采用同心圆布点，以污染源为中心，以一定的距离为半径，由圆心引放射线，放射线与各圆的交叉点即为监测点的位置。

网格布点：在污染源多而分散，污染物空间分布较均匀时采用。

3. 监测方法

大气环境监测方法采用国家制定的技术规范进行。

（二）大气环境标准

大气环境标准按其用途可分为：大气环境质量标准、大气污染物排放标准、大气污染控制技术标准及大气污染警报标准等。按适用范围可分为国家标准、地方标准和行业标准。

（三）主要大气污染物的治理

1. 颗粒物的治理

颗粒物的治理主要利用各类除尘器，从含颗粒物的废气中将之捕集。除尘不仅仅是除去，而且将有用的物质回收利用。

除尘器的种类很多。按除尘器利用的机理不同可分为4大类：机械式除尘器、洗涤式除尘器、过滤式除尘器、电除尘器。

（1）机械式除尘器

机械式除尘器是利用重力、惯性力和离心力作用将颗粒物除去。包括重力除尘器、惯性除尘器和旋风除尘器等，以旋风除尘器用得最普遍，另外两种很少用，在此只介绍旋风除尘器。

旋风除尘器已有100多年的历史，因结构简单、体积小、造价低、运行管理方便等优点而得到广泛应用。我国目前大多数锅炉烟尘除尘采用旋风除尘器。这种除尘装置对粒径较大的颗粒除尘效率较高，为50% ~ 80%，小颗粒则除尘效率较低。除了干式外还有离心水膜除尘，利用水从除尘器内壁流下形成的水膜将颗粒物捕集，除尘效率可达90%以上。

（2）洗涤式除尘器

采用喷水的方法，将尘粒从气体中洗涤出来，常用文丘里式洗涤器。压力水在文氏管喉口小孔通过，含尘气流高速通过喉口，将水雾化成小水滴，尘粒附在水滴上，这种水滴和尘粒凝结并通过分离器分离。

文丘里式除尘器效率很高，还能部分除去烟气中硫氧化物，缺点是阻力大，同时存在着含尘的污水需要处理问题。

（3）过滤式除尘装置

将含尘的烟气通过滤料，使尘和烟气分离。过滤装置分内部过滤和外部过滤两类。过滤式除尘装置有极高的除尘效率。0.1微米的粉尘也能除去。

（4）静电除尘装置

静电除尘装置是在放电极和集尘极之间加以较高直流电压，使之产生电场和电晕放电，气体产生带电离子附在尘粒上而带电，靠静电力把带电尘粒分离捕集在平板电极上。除尘效率可达98%，特别是较小的尘粒，除尘效率更高。

2. 气态污染物的治理

（1）二氧化硫治理

二氧化硫治理有两种方法：燃料脱硫和烟气脱硫。燃煤脱硫还无很好的方法，但原煤通过洗选加工可使水分和部分硫除去。重油脱硫取得了一定进展，要使重油硫分降低采用催化脱硫。烟气脱硫因烟气量大，含硫低，烟温常较高，不少方法还处于试验阶段，目前用的脱硫方法分湿法和干法两种。

湿法：把烟气中二氧化硫转化为液体或固体化合物从烟气中分离出来。常用的方法有石灰乳法、氨法和钠碱法。石灰乳法以5%～10%的石灰粉末或消石灰乳浊液作吸收剂吸收烟气中二氧化硫形成亚硫酸钙。氨法即用氨水作吸收剂，吸收效率达95%。钠碱法使用碳酸钠或氢氧化钠作为吸收剂。

干法：由于湿法脱硫降低烟气温度，影响抬升高度，烟气中水气增多而影响扩散。为了克服以上缺点采用固体或非水溶液作吸收剂、吸附剂或催化剂进行烟气脱硫，称为干法。如用活性炭作吸附剂，使二氧化硫氧化，在水气共存下生成硫酸被活性炭吸附。

（2）氮氧化物治理

氮氧化物多在高温燃烧过程中产生，主要为一氧化氮（NO）和二氧化氮，一氧化氮几乎不溶于水，一般须先氧化为二氧化氮后再除去。二氧化氮处理方法有吸收法和还原法。

吸收法：30%的氢氧化钠溶液或10%～15%的碳酸钠溶液在填料塔或筛板塔内串联吸收，或采用氨水吸收废气中氮氧化物，所得的亚硝酸铵、硝酸铵可作为肥料。也可以用硫酸、稀硝酸等作吸收液吸收净化含氮氧化物的废气。

还原法：以铂钯作催化剂，以氢气、甲烷等还原性气体将废气中的氮氧化物还原成氮气。

（四）大气污染综合防治

大气污染综合防治就是把一个地区的大气环境看作一个整体，统一规划能源消费、工业发展、交通运输、城市建设等，综合运用各种人为的防治措施，充分利用环境的自净能力，以清除或减轻大气污染。具体措施：

1.搞好城市布局，合理分配能源。优先供应居民与公共福利事业清洁燃料，因1立方米的天然气烧锅炉只相当于2千克煤，但供应居民生活用相当于5～6千克煤，所以应积极发展居民生活用天然气和煤气。

2.提高能源的有效利用率，以减少燃煤量来相应减少排放污染物的量。集中供热，联片采暖，将污染源集中治理。

3.调整城市能源结构。使用天然气及二次能源如煤气、液化气、电能等清洁燃料；减少用原煤的量，积极发展脱硫、脱灰分的洗煤；家庭炉灶优先利用气体燃料的同时，采用加入固硫剂的型煤，减少大气污染物的排放。

4.对排放的有害物质进行治理，减少排放量。

5.积极开发利用清洁能源，如太阳能、地热、风能等。

6.发展城市绿化，净化空气。

第二节 水污染

一、水体污染

（一）水体污染的特征

水体发生污染后可能出现的性状有：出现不同颜色、水质混浊，水面或水中漂浮、悬浮可见物质，水发黑发臭或有其他异味，水表面生长大量水藻，鱼虾死亡，水草不生，某种水生动、植物大量繁殖。有时当水体遭到了严重污染，表观上却看不出明显的变化，如某些重金属的污染。

（二）水体污染物的污染指标

1.化学性污染物

化学性污染物包括有机污染物和无机污染物。

有机污染物中难以生物降解的污染物污染指标一般是单项的，如多氯联苯、六六六、DDT等。易于生物降解的有机污染物污染指标一般为综合指标，如化学需氧量（COD）、生物化学需氧量（BOD）、高锰酸钾指数等。

无机污染物中有直接毒害作用的污染物污染指标主要有氰化物、氟化物、砷、铬、镉、铅、汞、铜等，无直接毒害作用的无机污染物主要有矿渣、砂粒、无机盐类、酸碱、氮、磷等植物营养物，其污染指标有悬浮物、总盐、pH、氨氮、硝酸盐氮、亚硝酸盐氮、总氮、总磷、硬度等。

2.物理性污染物

物理性污染物的主要污染指标有水温、总 α 放射性、总 β 放射性等。

3.生物性污染物

衡量生物性污染物的污染指标主要有细菌总数、总大肠菌群等。

（三）水体污染物的主要来源

水体污染物的两大来源为自然污染源与人为污染源。火山爆发、洪水等属自然性的；人为污染源主要指城市污染源、工业污染源、农村污染源，如厂矿企业排出的工业废水、城镇居民生活排出的生活污水、农村使用农药、化肥及各种工农业固体废物经雨水冲刷的废水等。

二、水污染对农业的影响

（一）水体污染物对农作物的影响

1. 水体重金属污染物对作物的危害

重金属污染物自灌溉水进入农田后被作物吸收，当达到一定程度后对农作物造成危害。重金属污染物对作物的危害症状相似，一般均表现为新根伸长受抑制，而枝根的发生表现异常，随着危害的发展只有主根的尖端发生枝根，根系呈带刺的铁丝网状。当重金属浓度较高时，作物叶片迅速卷曲，表现青叶症状，严重的受害植株枯死。此外，也可见叶脉间黄白化现象，特别是新叶叶脉间易缺绿，至叶片展开时全叶呈黄绿色。受重金属危害的植株至收获时，均表现受严重影响。如铜对穗数影响大，锰对每穗的颖花数影响大，而对千粒重影响不太大。豆类、甜菜、萝卜对镉表现敏感，当灌溉水含镉达 2×10^{-7} 时就影响发育。小麦受镉过量危害时，表现生长不良，叶片萎黄，且出现黑褐色坏死斑块。用含汞 2.5×10^{-6} 的水灌溉水稻时，生长明显受抑制，水稻植株变矮，分蘖受抑制，根系发育不良，叶黄化，穗变小，空秕率增加，减产达20%以上。砷对作物的危害在低浓度时不表现危害，甚至还有刺激作物生长的作用，但在较高浓度时则表现明显。当灌溉水含砷达 2×10^{-6} 时，小麦千粒重及质量明显下降，表现症状主要是根部发育不良，叶片变窄、变硬，呈青绿色，逐渐凋萎。铬对作物的危害六价铬大于三价铬，当灌溉水中有微量铬时，对玉米、小麦、大豆、胡萝卜、黄瓜、马铃薯等作物生长有促进作用，但过量铬则对作物产生直接危害。当灌溉水含铬达 1×10^{-6} 时抑制小麦发芽，危害小麦生长的症状是生长矮小，下部叶片发黄，叶面出现锈纹锈斑，麦穗短小，空秕率增加，产量下降，严重时整株枯死。过量铜对作物也有直接危害，首先在根部积累，抑制营养的吸收，特别是抑制铁的吸收，根的生长受抑制，表现为"狮尾根"，新叶黄化，老叶坏死。过量锌也对植物产生危害，主要是使根的生长受到抑制。水稻受害后，幼苗长势不良，叶片逐渐萎黄，分蘖减少，植株矮小，根系短而粗；小麦受害后，叶尖出现褐色条斑，生长缓慢，产量降低，一般灌溉水含锌高于 5×10^{-6} 时，农作物生长就受到阻碍，1×10^{-5} 时产量明显降低。

2. 酚类污染物

酚类污染物在工业废水和地面水体中广泛存在。用较高浓度含酚废水灌溉农田时，酚在作物体内积累，使产品食味恶化，带酚味，严重影响产品品质，对蔬菜表现更加明显。

植物受酚的危害一般在较高浓度才影响生长，一般表现为植株矮小，根系发黑，叶片狭小，叶色灰暗，养分和水分的吸收受到抑制，光合作用受到影响，产量降低。

3. 氟化物污染物

氟化物对植物的发芽、生长发育均会产生不良影响，使产品含氟量增高。其中玉米对氟表现尤为敏感。

4. 油类污染物

矿物油等油类污染物通过灌溉水进入农田后，对作物能产生直接危害。在水田，油漂浮于水面，能使作物体内代谢发生障碍，叶片卷曲，数日后低位叶尖端变褐色，心叶黄白色，严重时使植株枯萎。

5. 酸碱污染物

含酸废水进入农田，可使水田土壤表面呈赤褐色，使水稻吸收铁过多从而产生营养障碍。水稻受碱性废水危害时，叶色浓绿，地上部生长受抑制，引起缺锌症状，发育停滞，叶片出现赤枯状斑点。

（二）水体污染对渔业的影响

1. 有机污染物

当水体被有机物污染后，由于有机物消耗大量溶解氧而使水中溶解氧降低，危及鱼类生存。有毒的难以降解的有机物可直接对鱼类等产生毒性或在鱼体中积累，有的毒物在鱼体内浓缩倍数能达到几百万倍。

当水体被酚污染后，即使浓度很低（$1 \times 10^{-7} \sim 2 \times 10^{-7}$），鱼肉也有酚臭味而影响食用，当浓度高时，鱼类就大量死亡。

油类污染物进入水体后能在水面形成一层油膜，这层油膜能妨碍空气中的氧气进入水中，从而使水中缺氧，鱼类等水生生物会因此而窒息死亡。另外，油类污染物中许多有机物能使鱼类产生异味而影响食用。

2. 重金属污染物

重金属污染物如汞、镉、铬、铅等在水体中能影响鱼类等水生生物的生理和生活特性。

当浓度高时能使鱼类死亡或逃避。长期生活在重金属污染的水中，鱼体中重金属含量会富集十几万倍以上，从而影响食用或造成中毒。

3. 植物营养物

含有氮、磷等植物营养物的水体若引起水体富营养化则会使藻类等浮游生物大量增殖，从而大量消耗水中的溶解氧而造成鱼等死亡。当水体发生富营养化时，水面上往往出现大片"水华"。

三、各种农村用水对水质的要求

（一）农村饮用水

病原微生物污染往往是农村饮用水主要污染问题。当饮用水发生污染时往往出现腹泻及其他传染性疾病，遇到此类情况就应找出污染源，清理水源周围环境卫生。另外，由于乡镇企业的广泛分布，常常引起局部地区地下水污染而影响周围农村饮用水，若出现诸如水位变化、水有异色、异味、混浊、硬度变化等异常导致饮用后身体产生异常反应，均应怀疑饮用水遭到了污染，应及时监测分析。

（二）农业灌溉用水

灌溉用水的水体应是清洁水体，其水质应达到"农田灌溉水质标准"的要求。

在以下地区，全盐量水质标准可以适当放宽：具有一定的水利灌排工程设施，能保证一定的排水和地下水径流条件的地区；有一定淡水资源能满足冲洗固体中盐分的地区。

当本标准不能满足当地环境保护需要时，各省、自治区、直辖市人民政府可以补充本标准中未规定的项目，作为地方补充标准，并报国务院环境保护行政主管部门备案。

一类：水作，如水稻，灌水量800米^3/亩·年（注：1亩≈667米^2，下同）。

二类：旱作，如小麦、玉米、棉花等。灌溉水量300米^3/亩·年。

三类：蔬菜，如大白菜、韭菜、洋葱、卷心菜等，蔬菜品种不同，灌水量差异很大，一般为200～500米^3/亩·年。

（三）渔业用水

渔业用水质量应达到"渔业水质标准"的要求。如果用于养鱼等渔业用水被工业废水、城市生活污水污染后往往引起各种鱼病或造成大量鱼死亡等污染事故。

（四）乡镇企业用水

乡镇企业用水与一般工业用水一样，不同行业有不同水质要求。一般天然水都需要进行必要的预处理后才能用于生产。如冷却用水不仅要求有足够低的水温，同时还要保证冷凝器导热性能良好，因而冷却水中的溶解盐类、悬浮的机械杂质等均应预先除去；锅炉用水对水的硬度要求很高，必须预先将水的硬度降低，可采用药剂软化法或离子交换法进行处理，另外水中的溶解氧及二氧化碳也应在预处理中除去，否则它们会腐蚀锅炉而大大缩短锅炉的寿命；制革工业用水要求使用软水，水中不得有微生物如霉菌等；纺织工业用水对水的硬度要求也很严，否则若水的硬度太大，将降低纺织品的质量，使纺织物粗糙并难以染色；啤酒酿造工业所用水不允许有硫酸钙存在，否则将妨碍麦芽发酵；葡萄酒酿造过程中不允许含有氯化钙、氯化镁，否则会影响酵母菌的生长。

四、水污染防治及废水处理技术

（一）水污染防治途径与措施

1. 减少污染物的排放量

在工业上，通过改进工艺、制订用水定额、发展不用水或少用水的先进工艺来节约用水、提高水的循环利用率；在农业上，尽量避免大水漫灌以防污染物流失，科学使用化肥、农药；固体废物妥善堆存处理，减少废物淋洗污染；搞好城镇环境卫生，减少地面径流的污染物排放量。

2. 严格实施防治水污染的标准、法规

在环保部门的监督下，对废水中污染物浓度排放指标、污染物总排放量、水循环利用指标和净化废水等进行严格管理。

3. 加强废水净化处理

坚持预防为主、化害为利的处理原则，发展低能耗、高效率、运转费用低的废水处理工艺。在农村适当发展氧化塘、土地处理等技术，使废水处理与废水资源化结合起来。

（二）废水处理技术

1. 含油废水的处理

含油废水一般采用的处理工艺为：含油废水→隔油池→气浮池→曝气池→砂滤池→回用。

隔油池一般为平流式，内装设若干斜板，斜板倾角取45°，板间距50毫米，废水在池内停留时间20～30分钟，浮在水面上的油由集油管收集后统一回收利用，一般隔油池只能去除大部分可浮油，油珠直径大于100微米。

气浮池一般采用部分回流加压溶气气浮工艺。加压溶气水由加压水泵与空气压缩机供给；溶气罐一般由钢板焊成，水汽混合物在罐内停留时间为2～3分钟；进入气浮池的水一般需投加 $3 \times 10^{-5} \sim 4 \times 10^{-5}$ 的 $Al_2(SO_4)_3$ 混凝剂。气浮池也采用平流式，停留时间为30～40分钟，表面负荷一般为5～10米³/米²·时之间，池中工作水深为1.5～2.0米。经过二级气浮后废水中含池浓度可降至 3×10^{-5} 以下。

曝气池主要用来去除溶解状油及水中有机物，曝气池可采用鼓风曝气也可采用叶轮曝气，如果水量不大一般采用叶轮曝气为好。曝气池可采用合建式完全混合曝气池。

经曝气池处理后的水进入过滤池进一步净化后可直接回用。过滤池内滤料可采用石英砂或无烟煤粒，滤料厚度取0.7～0.75米为宜，工作水深1.5米。

2. 含酚废水处理

煤气厂、焦化厂、石油化工厂、农药厂等往往排出含酚浓度较高的废水（含酚1 000毫克/升以上），这种废水可采取苯取法回收有用的酚。

此工艺中萃取塔一般采用脉冲筛板塔，用二甲苯作萃取剂，二甲苯与废水量为1：1，萃取效率可达90%以上。萃取后的萃取相进入碱洗塔用氢氧化钠溶液进行脱酚，氢氧化钠溶液浓度为20%。

对低浓度的含酚废水可采用生物法处理，活性污泥法及生物膜法对含酚废水处理效果都较好，但采用生物法需先进行可行性研究并驯化培养降解酚的微生物。

3. 含重金属废水的处理

含重金属废水来源于冶金、化工、制革、机械、电子仪表等行业。主要污染物为铬、镉、镍、砷、汞等。采用的处理方法主要有离子交换法、蒸发浓缩法、化学沉淀法、氧化法。

含铬废水离子交换法处理工艺为：含铬废水→过滤→阳离子交换法→阴离子交换法→出水。

过滤是采用内装纤维球的过滤柱将废水中悬浮杂质去除。

废水经阳离子交换柱后，废水中阳离子被去除，废水呈酸性，铬以重铬酸根形式存在，废水通过阴离子交换柱后铬以铬酸根的形式交换在树脂上。然后用氢氧化钠再生液将铬酸再生下来，将再生液再通过一氢型阳离子交换柱，则铬以重铬酸进入溶液，这样就回收了铬酸而可直接回用于电镀槽或其他工序中。

含汞废水可采用含硫氢基的树脂进行离子交换处理；也可采用硫化物沉淀法进行处理。硫化物沉淀法处理含汞废水是在碱性条件下向废水中投加硫化钠，使形成硫化汞沉淀，同时投加少量硫酸亚铁作凝聚剂而处理废水的。对含汞浓度为5毫克/升，pH值为2～4的废水，采用石灰将pH值调至8～10后，投硫化钠30毫克/升，硫酸亚铁60毫克/升，处理后废水含汞浓度可降为2×10^{-7}。

4. 印染废水处理

印染废水中往往含有染料、酸、碱、硫化物、纤维悬浮物等，此种废水特点是五颜六色、酸碱性强，有一定毒性。常见的处理方法有生物法及混凝法。

5. 造纸废水的处理

造纸黑液经蒸发、浓缩后可回收氢氧化钠但运转费用太高，酸法造纸黑液经浓缩后可作为粘合剂。

造纸中段废水一般经生物处理或氧化塘处理后排放。如采用麦秸为原料，用碱法蒸煮排放的中段废水悬浮固体浓度为800～1 500毫克/升，COD为1 000～1 500毫克/升，BOD300～500毫克/升，经初次沉淀池、生物转盘、二沉池处理后废水中悬浮固体为104

毫克/升，COD为406毫克/升，BOD$_3$为48毫克/升。

造纸机白水一般气浮后可回用于工艺中，其中的纤维也同时得到回收。

造纸废水经预处理后可利用坑塘改造成氧化塘进行处理。氧化塘一般采用好氧塘，塘深0.5米左右，废水停留时间至少为2天，经氧化塘处理后出水可用于灌溉农田。

6. 化工废水处理

农村乡镇企业中有很多小化工厂，排放的废水中往往含酸、碱、有机有毒物。废水特点是COD、BOD含量高，pH值变化大，毒性强，成分复杂。

对化工废水首先考虑的是预防为主，加强管理。从管理及工艺上改进往往可大大减少废水排放量及污染物流失量。化工废水采取的处理方法有中和、混凝、氧化、沉淀、气浮、生物处理、吸附、离子交换等。如采用氯气作为氧化剂在碱性条件下处理含氰废水，可使氰化物氧化为无毒的二氧化碳及氮气，采用氯气还可氧化废水中硫化物、酚、醇、醛等，同时对水中颜色、臭味也可有效去除，还有杀菌防腐作用。

化工废水中往往含有难以生物降解的有机有毒物质，对环境影响较大，可采用吸附法、氧化塘法等进行处理，如农药类污染物、氯代化合物、硝基化合物等。

酸、碱污染物质在化工废水及电镀、金属表面处理废水中占有很大比重。含酸废水对环境危害较大。处理含酸废水的经济有效的方法是过滤中和法：一般采用升流膨胀式滤池，内装有石灰石、大理石等碱性滤料，滤料粒径一般为0.5～3毫米，废水从滤池底部进入从顶部溢流排出，滤料呈膨胀状，滤速控制使滤料不至流失一般为60～70米/时。另外，含酸废水还可与含碱废水中和处理，以达到以废治废的目的，若工厂同时排出酸性废水与碱性废水，则两者中和处理为首选方法，当然，若含酸浓度或含碱浓度过高，则应先考虑回收利用。

7. 食品加工及制革废水处理

肉、乳、水果及蔬菜、水产加工废水的特点是废水BOD$_5$浓度高，有机物较多，致病菌多，水易发黑发臭。

格栅可根据废水中大的漂浮物尺寸而具体设计，一般取栅条间距15～25毫米，与水平放置成60°～70°倾角，栅前截留的污物应及时清走，以免堵塞。

沉砂池主要去除废水中泥沙等比重较大的悬浮杂质。沉砂池的型式可采用平流式，池的底部设1～2个贮砂斗，下接排砂管，开启闸门即能将沉砂排走。废水在沉砂池内最大流速为0.3米/秒，最小流速为0.15米/秒，废水在沉砂池内平均停留时间为30～60秒，有效水深取0.25～1米。贮砂斗的容积一般按2日沉砂量考虑，斗壁与水平面倾角不小于55°。

初次沉淀池可采用平流式、辐流式及竖流式。平流式沉淀池应用最广泛，其型式一般为长方形，长度多为30～50米，沉降区水深为2.5～3.0米。池底靠近进水端设一污泥斗，泥斗壁倾角50°～60°。池底采用0.01～0.02的坡度向泥斗倾斜。一般采用电动刮泥板将污泥刮入污泥斗中。污泥斗中的污泥可考虑采用静电压力排泥。

生物曝气池可采用完全混合曝气池。

二沉池可将曝气池产生的活性污泥有效地去除。二沉池采用斜板沉淀池较好。斜板与水平成45°～60°倾角。水在斜板间流速以0.7～1.0毫米/秒为宜。斜板材料一般为塑料蜂窝状。斜板下方设污泥斗以接收沉淀的污泥，废水经二沉池沉淀后一般能达到排放标准可以排放或用于农田灌溉。

制革废水的特点是碱性大，色浓，悬浮物含量高，BOD含量高，还含有铬及硫化物。此种废水中的铬主要来源于鞣制工段。对含铬的废铬鞣液应单独处理，采用的处理流程为：

废铬鞣液→过滤器→沉淀池→出水。

废水中的三价铬在沉淀池中形成氢氧化铬沉淀，此沉淀经过滤、加酸反应后可回收铬鞣液而用于工艺中。

其他制革废水处理与城市生活污水处理工艺类似。

8. 废水土地处理法

污水灌溉是最普遍的废水土地处理方法的应用。常采用的废水土地处理法还有快速渗滤、地表漫流及湿地处理。土地处理法一般采用荒地野岭或沼泽地，一定坡度上有植被覆盖的山坡最适合作为土地处理场所。利用土地处理法几乎可以处理一切污染物，对含氮、磷等植物营养物去除效果也很好。

第三节　土壤污染

一、土壤污染物及其来源

（一）土壤的主要污染物

土壤的污染物质主要分为3类，即无机物、有机物和有机金属化合物等。无机物污染中有些盐类可被逐渐溶解、淋失，在土壤中累积的问题不大；而汞、镉、铬、砷、铜、锌、镍、钒等重金属，在土壤中移动性很小，残留在土体中很难消失，且一般多在耕层累积，往往成为土壤污染的主要问题。它们很容易从土壤转移到生物体内，引起食物污染。有机物（如三氯乙醛、酚等）也往往使农作物受害。

（二）污染物的来源

土壤中的污染物质因其性质不同，来源也不相同，一般主要来自被污染的大气、水、废弃物及不合理管理措施。其中在被污染的耕地中，80%左右是污水造成的。例如，含镉矿石在766℃冶炼时，镉即变成气体状态排入空中，首先污染大气，遇冷后形成颗粒物又逐渐向地面降落而污染土壤。另外，有些工厂的废水流入农田后，其中的有机物和某些盐类在土壤中积累，产生大量的 H_2S、Fe^{2+}、有机酸，对作物产生危害。

二、几种常见污染物对农业生产的影响

各种污染物质对绝大多数植物都是不必要的，但其数量较少时对植物的毒性不强，当其积累到一定数量时，就会对植物的生长发育造成危害，轻者造成发育不良，重者造成绝产。

（一）镉是生物强度积累的元素

作物生长发育不需要镉，但土壤受镉污染后，作物可积累较多的镉。不同作物对镉的吸收和积累能力有较大差异，其可食部分含镉量顺序为小麦＞大米＞大豆＞马铃薯＞甘蓝、葱＞番茄、葡萄。在土壤镉过量时，植物会出现缺绿症，生长发育受到抑制。水稻表现为叶鞘黑褐色，大豆叶脉变褐色，产量下降。

（二）汞污染对农业生产的影响

汞不是植物必需元素。各种植物对汞的吸收量有较大差异，一般情况是针叶植物＞落叶植物＞水稻＞玉米＞高粱＞小麦。蔬菜中叶菜＞根菜＞果菜。受害植株常表现为矮小瘦弱，叶色较淡，叶细长不开展。

（三）铬污染对农业生产的影响

土壤中的铬主要通过灌溉进入农田，作物受害后，叶片出现黄白色斑点、卷缩、须根腐朽，严重时植株萎蔫以至枯死。人饮用含铬井水后，出现脱发、手脚脱皮、牙痛、脸色青黄等症状，癌症患者也明显增多。大牲畜则普遍脱毛。

（四）硼污染对农业生产的影响

硼是植物生产必不可少的营养元素，适当增加硼素，可以提高植物抗性，增加产量。但环境中过量的含硼物质会使土壤变劣，农作物受害。如玉米、蔬菜用含过量硼的井水灌溉后，叶边发黄、枯萎以至死亡；牲畜饮用此水后，口舌溃疡和腹泻。

（五）三氯乙醛污染对农业生产的影响

三氯乙醛对农田及作物的危害，主要由于农用污水中含有三氯乙醛或用含三氯乙醛

的废酸生产的磷肥引起的。麦田受污染后，植株矮化，基部膨大，分蘖丛生，叶片老化肥厚，新叶卷扭皱缩，叶实枯黄。

三氯乙醛进入土壤后，大部分经微生物作用很快转化生成三氯乙酸，然后再逐渐分解为简单物质；小部分直接降解为简单化合物。在田间条件下，生物降解比化学降解明显占优势。作物吸收土壤中的三氯乙醛或三氯乙酸后，均以三氯乙酸形态富集于体内，当积累到一定浓度时，作物就表现出三氯乙酸的毒害症状。所以三氯乙醛污染农田、毒害作物的实质是三氯乙醛和三氯乙酸的综合作用。

由于三氯乙醛和蓟马危害玉米的症状非常相似，因此必须注意两者之间的差异。受三氯乙醛危害的玉米植株，几乎所有展开叶片的端部都变黄以至黄枯。茎的基部近根处明显膨大以至形成瘤状。根系也多呈黄褐色。受害株大多数不能生长到抽雄和吐花丝即逐渐濒于死亡。从田间玉米群体观察，受三氯乙醛危害的植物分布较均匀，且很少不受害，玉米地里套种的豆类作物或田间杂草也很难幸免而呈现叶片卷曲。正常玉米茎秆味淡甜，而受害玉米茎秆带咸味。受害后3个月内翻耕改种其他作物，往往仍出现受害症状。而受蓟马危害后，玉米叶片呈现数小灰白点或银灰色斑块、条斑。受害严重叶片有如涂上一层灰膜，伴有断续的黄色斑块或条斑。端部叶缘簇往往失绿变为白色或黄白色。过些时日，有些植株则逐渐摆脱其束缚力而恢复正常生长，季节间大都变短，且叶片已多处撕裂。从田间群体观察，受蓟马危害的植株分布于正常植株之间。玉米地里套种的豆类或田间杂草则无明显受害症状。

（六）油类污染物对农业生产的影响

油类通过含油废水灌入农田乃是影响油田、石化企业毗邻地区农田环境质量的主要因素。其中，矿物油类通过油田原油溢出和炼油厂、石化厂的油类副产品随废水、废渣（泥）排出。动、植物油类常伴随城镇生活污水排出或通过屠宰场、食品加工厂等废水排出。

油类对作物种皮的穿透能力很强，可迅速渗入种子内部杀死胚胎，且由于油类的疏水性恶化种子内部的供水条件，从而抑制种子萌发或推迟萌芽时间。实验结果表明，土壤含油量超过2%时，种子萌芽率可降低50%以上。受油类污染的土壤中，由于微生物对氮素固定量的增加和对土壤中有效氮的竞争摄取，故植物生长需氮量相对不足。植物的过量油害症状类似于氮、磷缺乏症，表现为植株矮小，底叶发黄并过早脱落。

三、土壤污染的防治措施

（一）加强环境监测

在目前的生产水平下，土壤污染已是不可避免，防治土壤污染的关键是建立一套完善的环境监测机制。尤其在重污染区，应定期对土壤中有毒有害物质的种类、数量、发展程度进行监测，并根据监测结果采取相应的对策。

（二）加强污染农田的管理措施

受不同物质污染的农田管理措施也有区别。受三氯乙醛污染的土壤，程度较轻时可采用勤耙松土、施加碱性肥料（草木灰、氨水等）中和缓解等措施改良。程度较重时，应耕翻晒土，以利其光解，也可采用灌水冲洗等方法改良。含三氯乙醛和废酸的水，不得任意排放或出售。含三氯乙醛杂质的磷肥也可通过微生物生化降解去除，使肥效得到正常发挥。

土壤油污染后需有一个适宜的休闲期，使油类有时间进行生化降解和土壤氮素正常循环与转化，避免作物的过量油害。

要防治硼对农业环境的污染，必须从工业、农业两方面着手。工业方面应改革工艺流程，合理排放硼泥，硼泥用于烧制陶粒或压制蜂窝煤，以及把硼污染的地下水作为硼砂生产用水。农业方面主要是用未污染的承压水和淋洗被污染的土壤，种植抗过量硼的作物等。

在各种重金属污染区，应注意选择作物种类，少种或不种以含各种重金属量高的器官为食用的作物。如蔬菜中的叶菜类含镉量较高，应减少在镉污染区种植。

石灰不仅是酸性土壤的良好改良剂，而且可有效地抑制作物在酸性废水灌溉的土壤中对镉的吸收。一般亩施100千克左右石灰，可提高土壤pH0.3～0.8，结合淹水栽培，水稻籽实含镉量可降至0.1毫克/千克以下。除石灰外，钙膨润土、腐殖酸类物质、红花草粉、煤矸石、石灰石等改良剂，均能通过缓慢释放的钙质类物质，或对镉离子的螯合作用，减轻镉害。

施用磷酸盐对抑制镉、铅、锌、砷等均有效。砷污染的土壤除施磷酸盐外，还可以增施$Fe_2(SO_4)_3$、$MgCl_2$等物质，降低砷的活性，减轻污染。

选种抗性强的作物也是一种有效措施。例如，玉米比其他禾谷类作物耐镉力强；茄子、辣椒、甘蓝等有较强的抗铬污染能力；马铃薯、甜菜、萝卜等则是抗镍污染较强的作物。

此外，当土壤污染程度较轻，未达到严重危害农作物生长发育的浓度时，采取深耕稀释措施（上下土层混匀）是一种有效消除污染的方法。如果污染程度重且面积较小时，则可用排土（挖去污染土层）或客土（用非污染土覆盖于污染土上）法，也能达到消除污染的效果。

第四节　农药、化肥对环境的污染

一、农药对环境的污染

农药是农业生产的基本生产资料，在防治病虫害，夺取农业生产丰收方面起着重要作用。部分挥发的农药气体附着于尘埃微粒上可随气流上升，随风飘向各地。附着于作物表面及土壤中的农药，一部分被植物吸收，很少一部分残留于植物表面，大部分因风吹雨淋而被冲刷到地面或流入江、河、湖、海。

（一）农药对大气的污染

农药施用后，相当一部分飘浮于空气中被尘埃吸附扩散到外地或大气中，由于微粒小，在空气中不易降落，有时会被雨水淋洗，降落到地面。

大气中农药污染的程度因地而异，在喷药地区的上空大气中农药含量高于其他地区。温室中喷洒农药后，空气中浓度更高，内吸磷在温室中喷洒，温室内空气中浓度高达9.5毫克/米^3。

（二）农药对土壤的污染

田间施用农药后大部分落入土中，这是造成土壤污染的主要原因。施用浸种、拌种、毒谷、毒饵等用药方式，将农药直接撒入土壤中，造成土壤污染程度更大。

一般农药对土壤的污染程度决定于农药的施用次数、用药量和农药化学性质的稳定性。

用药次数多、用药量大、稳定性高的农药，在土壤中残留时间长，对土壤污染严重；相反，用药次数少、稳定性差、易降解的农药污染程度轻。

不同土壤类型中农药残留也不一样，黏质土比沙质土残留时间长。有机氯农药在水田中残留时间短，在旱田中残留时间长。

农药残留主要集中在0～20厘米的表土层，随土层深度增加，农药残留浓度降低，50厘米以下几乎检测不到残留农药。

（三）农药对水体的污染

农田喷洒的农药及农药厂排放的"三废"可以通过农田灌溉、土壤淋溶、雨水冲刷等途径流入江、河、湖泊、水库、地下水源，造成水质污染，影响农业生态环境和人体健康。

（四）农药对农畜产品的污染

农药在使用过程中通过直接附着在植物表面和对环境的污染以及生物间转移浓缩，残留于农畜产品中。

各类食品中六六六、DDT污染比较普遍，动物性食品污染程度高于植物性食品。植物性食品污染程度：植物油＞粮食＞蔬菜＞水果。

化学农药对农畜产品的污染，家养动物高于野生动物；猪肉高于牛、羊肉；鸭肉高于鸡肉。在植物食品中，小麦＞稻米＞玉米；花生＞大豆；粮食＞蔬菜。

二、农药污染的防治

（一）贯彻"预防为主，综合防治"的方针

就是"以农业防治为基础，因地制宜，合理运用化学防治、生物防治、物理防治等措施，达到经济、安全、有效地控制病虫危害的目标"。把病、虫、杂草的发生量控制在经济允许水平以下，达到高产、低成本和少公害或无公害的目的。

综合防治包括：

1. 农业防治

利用耕作和栽培等一整套农业生产技术，改善农业生态环境条件，避免或减少病、虫、草害的发生，达到增产增收、减少污染的目的。

2. 植物检疫

根据国际和国家法律制订的防止危险性病、虫、杂草蔓延传播的法律措施，防止危险性病、虫、杂草由国内外或由一个地区向另一个地区传出和传入。

3. 物理防治

利用黑光灯、黄牌、诱蛾器、紫外灭菌、温汤浸种等方法防治病虫。

4. 生物防治

利用害虫天敌和微生物防治病、虫、草害的一种方法。

5. 化学防治

化学农药具有广谱、快速、效果好、使用方便、成本低等优点，是防治病、虫、杂草的主要方法。但要生产和推广高效、低残留农药，合理用药，减少农药对环境的污染。

（二）安全合理的使用农药

安全合理使用农药是彻底防治病、虫、草害，保护人畜安全，防止环境污染的重要措施。既要保护农作物，又要保护人体健康。国家规定的食品中农药残留限量具有法律作

用，若超过了残留限量，就不能作为商品销售、食用和对外贸易。在农业生产和食品销售、食用中要严格执行国家规定的有关标准。

（三）积极发展新农药

积极开发使用高效、低毒、低残留的新农药，如拟除虫菊酯类农药，用量少，效果好，易降解，无或少污染。积极研制和生产特异性农药和微生物农药，像昆虫拒食剂、性引诱剂、不育剂等。具有对人畜无毒、不污染环境、不伤害天敌等优点。

三、化肥对环境的污染

增施肥料是农业生产中必不可少的措施，尤其是化肥，见效快，效果好，增施化肥可增产40%左右。但由于化肥工业的发展，施肥量不断增加和施用不当，环境污染问题也明显地表现出来。若不采取有效措施，会严重危害生态平衡和人身健康。近年来，我国的化肥生产和使用量迅速增加，对农业生产起了促进作用，但存在着许多问题，盲目施肥现象严重，迷信化肥，认为用得越多越好；使氮、磷、钾比例失调；磷肥质量差，一些乡办磷肥厂，用工业废硫酸制磷肥，内含三氯乙醛及三氯乙酸等有毒物，施用后污染农田，危害庄稼；不科学地使用微量元素，污染农田，危害作物。

（一）氮肥的污染

目前，我国农田主要施用氮肥，占化肥用量的75%，而利用率较低，平时施用的氮肥，被植物吸收的不到一半，地力越好的，利用率越低，结果造成农业生产成本高，且污染环境。过量施用氮肥造成环境污染主要表现在：

1. 植物体内硝酸盐含量增加

植物通过根部从土壤中吸收氮素，大部分为硝态氮，硝酸根进入植物体很快被同化利用，不会积累。但如果施氮肥过多，则植物体内硝酸盐含量迅速增高，高浓度硝酸盐会使动物发生中毒。硝酸盐还会转化为亚硝酸盐，毒性更大。亚硝酸盐与胺作用形成亚硝胺，有强致癌作用。

2. 土壤物理性质恶化，农产品质量下降

长期过量、单纯施用氮肥，不仅使土壤结构破坏，土壤板结，而且直接影响农作物产量和品质。适量氮肥可以提高农作物产量和品质，但氮肥不足和过量降低蛋白质的生物学价值。氮肥过量还会影响植物维生素B_2的含量。

3. 造成水体富营养化

氮肥过量，最终从土中淋出，进入江、河、湖及地下水造成水体污染，发生富营养化，藻类大量繁殖，使水体浑浊、发臭，鱼类死亡，影响人类生活。

（二）磷肥污染

磷肥对环境的污染主要包括两个方面：一方面是生产磷肥的原料磷矿石、硫铁矿中含有一定量的砷、镉、氟、汞、铅等有毒元素，这些有毒元素可以污染土壤。另一方面磷肥中含有三氯乙醛，由于一些乡镇的小磷肥厂用含三氯乙醛的工业废硫酸生产磷肥，近几年山东、江苏、浙江等许多省发生过因施用含三氯乙醛的磷肥而造成大面积作物受害，重则死苗无收。三氯乙醛进入土壤中很快转化为三氯乙酸，三氯乙酸的毒性与三氯乙醛一样，且在土壤中保存的时间较长，一般为两个月，受害后的农田，即使重播仍可再受害。

四、化肥污染的防治

（一）合理、适时施用化肥

施用化肥要根据地力及作物的需要量和利用率推算所需的化肥量；要根据保护环境，减少化肥给农业生产和环境带来的危害，科学地施用化肥。

（二）农田施肥走有机、无机相结合的道路

实验证明，有机肥含氮与化肥含氮量各半混合用，作物产量最高，品质最好，经济效益最佳。目前，我国有机氮与无机氮之比为0.48：1，有机氮比例低，导致氮肥利用率下降。因而为了农业持续发展，提高农产品的产量和品质，大力发展有机肥料和复合肥料，提高肥料利用率，减少污染。

（三）开发化肥新品种，合理使用微量元素

化肥的开发向高浓度、复合化方向进行，逐渐代替浓度低、利用率低、损失大的品种。据作物的需要还可以发展长效肥料，运用特殊的添加剂和包膜，使养分逐步释放供作物不断生长需要，减少损失而保护环境。

微量元素是作物生长所必需的，一旦缺乏，作物会出现缺素症状，生长不良；但由于作物需要量很小，若不合理施用，作物会发生中毒，因而要根据作物需要科学、合理地施用。

（四）维护生态平衡，防止水土流失，加强化肥管理和应用

种地和养地要有机地结合起来，方能使农业持续发展。增加土壤的植被，控制水土流失，减少土壤养分的流失，维护生态环境良性循环。加强对化肥的管理，严厉打击生产和销售假、冒、伪劣化肥的犯罪分子，防止化肥污染环境。

第三章　畜禽粪便污染防治技术

第一节　畜禽养殖粪污概述

一、粪污的特性及危害

（一）粪污的特性

1. 鸡场粪污特点

由于鸡消化道短、对饲料蛋白需求较高以及饲养方式等特点，养鸡场粪污具有如下特点：

①鸡粪含水量为70%左右，氮含量高，新鲜鸡粪含氮量1.5% ~ 1.8%。

②通常无污水产生和排放，多在家禽转栏、出栏或淘汰时有少量栏舍清洗污水产生。

③肉鸡饲养过程中常使用垫料，固体废弃物在出栏时一次性清理出圈舍。

2. 猪场粪污特点

生猪养殖工艺模式差异较大，不同的工艺模式粪污成分差异较大，粪污特点也有所差异，具体特点如下：

①水冲式猪舍粪便、尿液和水混合，COD（化学需氧量）约20 000毫克/升，TS（总固体含量）大于10%，后续的污水处理压力较大。

②干清粪工艺相对于传统水冲工艺，能节约用水30%左右，清理出的固体粪便含水率70%左右，可用于好氧堆肥处理，排出的污水COD 8 000 ~ 10 000毫克/升，TS大于5%。

③水泡粪工艺，采用漏缝地板养殖，粪便、尿液和水一起混合，采用虹吸原理定期全量清除，能够定时有效清理舍内粪污，其COD约为8 000 ~ 24 000毫克/升，TS小于2%，粪污资源化利用肥效较高。

3. 牛场粪污特点

牛属于草食性动物，养殖过程中需要配置一定面积的运动场，牛多在运动场上走动、饮水和休息，牛场粪污具有以下特点：

①大量粪便直接排泄在运动场，受雨水影响。

②肉牛养殖场几乎无污水排出，尿液多蒸发或渗入地下。

③配备有挤奶厅（设施）的奶牛养殖场，有少量的地面冲洗和挤奶罐清洗水排出，其COD多在1 000毫克/升以下，TS含量低于1%。

（二）粪污的危害

随着经济的快速发展和居民生活水平的不断提高，我国的畜牧业产业发展产生了显著变化，由小规模农户分散饲养向规模化集中饲养转变，由农村向大中城市的近郊及城乡接合部转移，粪污产生量从少而分散向多而集中转变。畜禽养殖的数量剧增及养殖方式的变化致使畜禽养殖产生的粪污排放量增大，周边没有合适的土地进行消纳，再加上化肥的大量使用，导致"种养加"的分离，畜禽养殖产生的粪污由宝贵的资源变成了"污染源"。

畜禽养殖业不单单污染耕地、水体、空气的环境，也对人畜健康造成危害，这种污染的恶性循环会给畜禽养殖业的发展造成严重影响，制约畜牧产业的发展。加强畜禽养殖污染防治，促进畜禽养殖废弃物资源化利用，是促进畜牧产业可持续发展、推动农业现代化进程、全面落实科学发展观、实现乡村振兴战略的必然要求。

近几年我国重视生猪产业的绿色发展，不再一味追求产值的高速提升，而是在绿色环保的前提下，实施供给侧结构性改革，去产能，日益凸显的畜禽废弃物造成的环境污染问题被提上议程。畜禽养殖面源污染作为我国环境污染的主要来源之一，造成的影响是巨大的，而且是一个恶性循环，养殖面源污染破坏着生态环境，而恶劣的养殖环境也制约着养殖效益和质量。

科学合理的处置畜禽养殖粪便和污水，减少面源污染，实现资源化循环利用是减少环境危害的有效途径。如果畜禽粪污未经过无害化处理就对外排放，将对周围地表和地下水、土壤、大气以及人类健康造成极大的威胁，主要表现在以下几个方面：

1. 对水体的危害

动物摄食的日粮养分中，只有部分能被动物吸收，用于其生长和繁殖，其余的养分则随排泄物进入环境，伴随排泄物进入环境的还有大量的微生物，其中不乏病原微生物，如果畜禽粪污未经过科学处理而对外排放，将对周围地表和地下水造成危害。养殖粪便和污水废弃物在其贮存、处理和利用过程中，可能通过渗漏或径流进入地表或地下水体，带入的氮和磷使水体的浓度增加，水生植物和藻类增生，导致地表水体富营养化，氧溶解度降低，水质恶化，散发恶臭味，水生动物大量死亡，地下水质参数超标，严重影响水体环境以及人畜饮水安全。畜禽粪污中还含有不少的病原微生物和寄生虫卵，会使水体中细菌指数升高并且滋生蚊蝇，对人类的健康造成严重威胁。还有一些养殖户随意向河流丢弃病死畜禽，不仅将传染病的病原微生物传播到河流，造成人畜传染病的蔓延，还会滋生大量细菌，恶化水质，严重影响饮水安全。

2. 对土壤的危害

土壤污染主要源自畜禽粪便长期过量施用，可能造成畜禽粪便中的养分（氮、磷和钾）、药物残留和重金属等在土壤中累积，导致地下水硝酸盐污染，地表水污染以及农作物中重金属或其他微量元素超标。畜禽粪便是农田中重金属负荷的重要来源，锌等重金属影响作物的生长和发育，造成作物减产；含锌污水灌溉农田，会对农作物特别是小麦的生长产生较大影响，造成小麦出苗不齐、分蘖少、植株矮小、叶片发黄；镉等重金属对作物产量没有影响，但能通过作物的可食用部位而直接危害人体健康。

3. 对大气环境的危害

在畜禽粪便和养殖污水的贮存和处理过程中会产生和挥发大量的氨气、硫化氢、甲硫醇、甲硫醚、二甲二硫醚、丙酸、丁酸和戊酸等臭气物质，引起臭气污染。不仅如此，比利时、荷兰和丹麦等欧洲国家的研究表明，畜牧业排放的氨气是导致酸雨的主要因素。

4. 生物风险

畜禽养殖废弃物中含有大量的细菌、病毒和寄生虫等病原微生物，尽管许多微生物在离开动物体后迅速死亡，但仍有部分微生物在适宜条件下能存活，在土壤中的存活时间更长，对动物和人类健康具有极大的威胁。

二、粪污产生量及影响因素

（一）粪污的形态

粪污的形态是根据粪污中的固体和水分含量进行区分，从感官上，粪污主要存在固体和液体两种不同形态。如果按照粪污中固体物含量多少则可将其形态进一步细分成固体、半固体、粪浆和液体：固体物含量＞20%的为固体粪污，固体物含量在10%～20%为半固体粪污，固体物含量在5%～10%的为粪浆，固体物含量＜5%的为液体。由于畜禽种类不同，生理代谢过程不同，所排泄粪便的干湿程度和尿液的多少也有所差别，因而排泄时粪污的状态也不相同。粪污的相邻形态之间，如粪浆和半固体之间，并没有明显的分界线。粪污的形态也会发生变化，当粪污受到外界环境影响，其中的固体物含量或水分含量发生变化时，可能从一种形态转变成另一种形态。另外，动物品种、饲喂日粮、垫草的类型和数量等因素都可能影响粪污的形态。

（二）畜禽粪尿产生量

根据《畜禽养殖粪便污染监测核算方法与产排系数手册》资料显示，我国生猪、奶牛、肉牛、蛋鸡、肉鸡等畜禽的粪尿产生量见表3-1。不同种类的动物其粪污的产污系数差异较大，奶牛、肉牛的粪便、尿液产生量最高，其中化学需氧量、全氮、全磷、铜、锌的排放量也最大。肉鸡、蛋鸡的粪便产生量最小，无尿液产生。

表3-1 不同畜种产污系数表

动物种类	饲养期	污染物指数	单位	产物系数
生猪	115d（保育＋育肥）	粪便量	kg/头	192.5±37
		尿液量	L/头	392.1±71.5
		化学需氧量	kg/头	53.4±4.7
		全氮	kg/头	5.0±1.8
		全磷	kg/头	0.7±0.2
		铜	g/头	26.8±5.8
		锌	g/头	35.3±8.7
奶牛	365d	粪便量	kg/头	8771.7±1497.5
		尿液量	L/头	4373.4±641
		化学需氧量	kg/头	1679.3±315.1
		全氮	kg/头	68.7±19.7
		全磷	kg/头	11.5±4.3
		铜	g/头	73.7±21
		锌	g/头	362.6±129.9
肉牛	365d	粪便量	kg/头	4974.9±463.6
		尿液量	L/头	3076.2±267.4
		化学需氧量	kg/头	963.8±147.7
		全氮	kg/头	39.6±13.6
		全磷	kg/头	5.0±1.5
		铜	g/头	19.5±9.7
		锌	g/头	96.3±24
蛋鸡	365d	粪便量	kg/只	43.22±7.87
		化学需氧量	kg/只	7.32±0.91
		全氮	kg/只	0.39±0.04
		全磷	kg/只	0.1±0.04
		铜	g/只	0.46±0.17
		锌	g/只	2.08±1.13
肉鸡	42d	粪便量	kg/只	5.75±2.77
		化学需氧量	kg/只	1.07±.055
		全氮	kg/只	0.05±0.02
		全磷	kg/只	0.01±0.01
		铜	g/只	0.06±0.04
		锌	g/只	0.39±0.19

（三）影响粪污产生量的因素

畜禽的粪污量受动物类型、年龄、生产类型、饲料、清粪方式、季节和外界温度等因素的影响，任何因素变化都会使动物的排泄量发生变化。

1. 动物种类

不同种类的动物，其生理和营养物质特别是蛋白质代谢产物不同，影响排尿量。猪、牛、马等哺乳动物，蛋白质代谢终产物主要是尿素，这些物质停留在体内对动物有一定的毒害作用，需要大量的水分稀释，并使其适时排出体外，因而产生的尿量较多；禽类体蛋白质代谢终产物主要是尿酸或胺，排泄这类产物需要的水很少，尿量较少，成年鸡昼夜排尿量60～180毫升。某些病理原因常可使尿量发生显著的变化。

同一品种、相同年龄的不同个体，因培育条件、体况、用途等不同，对同一饲料养分的消化率也有差异。

2. 饲料

就同一个体而言，动物尿量的多少主要取决于肌体所摄入的水量及由其他途径所排出的水量。在适宜环境条件下，饲料干物质采食量与饮水量高度相关，食入水分十分丰富的牧草时动物可不饮水，尿量较少；食入含粗蛋白质水平高的饲料，动物需水量增加，以利于尿素的生成和排泄，尿量较多。出生哺乳动物以奶为生，奶中高蛋白含量的代谢和排泄使尿量增加。饲料中粗纤维含量增加，因纤维膨胀、酵解及未消化残渣的排泄，使需水量增加，继而尿量增加。另外，当日粮中蛋白质或盐类含量高时，饮水量加大，同时尿量增多；有的盐类还会引起动物腹泻。

饲料中的抗营养物质不同程度的影响着动物的消化率。影响蛋白质消化的抗营养物质或营养抑制因子有蛋白质抑制剂、凝结素、皂苷、鞣质、胀气因子等；影响矿物质消化利用的有植酸、草酸、棉酚等，如饲料中磷与植酸结合形成植酸磷，猪缺乏植酸酶，很难对其进行消化，造成植物性饲料中的大多数磷都通过粪便形式排出；影响维生素消化利用的抗营养物质有脂肪氧化酶、双香豆素等。

另外，饲养水平过高或过低均不利于饲料的转化，影响粪污的排放量。饲养水平过高，超过机体对营养物质的需要，过剩的物质不能被机体吸收利用，反而增加畜禽能量的消耗，同时也加大了粪便排泄物的量及"污染物浓度"。

3. 清粪方式及降温用水

不同清粪方式的冲洗用水量差别很大，对于猪场，如果采用发酵床养猪生产工艺，生产过程中的冲洗用水量很少，甚至不用水冲洗，但是如果采用水冲清粪工艺，畜禽排泄的粪尿全部依靠水冲洗进行收集，冲洗用水量很大。对于鸡场，采用刮粪板或清粪带清粪只在鸡出栏后集中清洗消毒，冲洗水量也很少。

虽然降温用水与冲洗并无关联，但不少养殖场在夏季通过冲洗动物体实现降温，冲洗水也将成为粪污的一部分，这也是一些猪场夏季污水量显著增加的一个重要原因。

4. 环境因素

高温是造成畜禽需水量增加的主要因素，最终影响排尿量。一般当气温高于30℃，动物饮水量明显增加，低于10℃时，需水量明显减少。气温在10℃以上，采食1kg干物质需供给2.1kg水；当气温升高到30℃以上时，采食1kg干物质需供给2.8 ~ 5.1kg水；产蛋母鸡当气温从10℃以下升高到30℃以上时，饮水量几乎增加两倍。虽然高温时动物体表或呼吸道蒸发散热增加，但是，尿量也会发生一定的变化。外界温度高、活动量大的情况下，由肺或皮肤排出的水量增多，导致尿量减少。

三、粪污处理利用基本思路

（一）源头减排，预防为主原则

1. 饲料减排

在动物摄食的日粮养分中，只有部分能被动物吸收，用于其生长和繁殖，其余的养分则随排泄物进入环境。动物营养学领域通过降低日粮中营养物质（主要是氮和磷）的浓度、提高日粮中营养物质的消化利用、减少或禁止使用有害添加剂以及科学合理的饲养管理措施，减少畜禽排泄物中氮、磷养分及重金属的含量。一般成年动物对日粮铜的吸收率不高于5% ~ 10%，幼龄动物不高于15% ~ 30%，高剂量时的吸收率更低。为了减少高铜添加剂的使用，目前可以考虑使用有机微量元素产品，如蛋氨酸锌和氨酸铜等，按照相应需要量的一半配制日粮，生长猪的生长性能并不降低，且粪铜、锌排泄量可减少30%左右，或使用卵黄抗体添加剂、益生素、寡糖、酸化剂等替代添加剂。饲料源头减排技术的优点在于既能减少部分饲料养分投入，节约饲料资源，又能减少生产效益与环境效益之间的关系。因此，解决畜禽营养的合理应用，提高饲料中营养物质转化率，是降低污染物排放的有效途径。

2. 粪污减量化原则

对养殖场的粪便污水治理，应从源头控制污水的产生量，从生产工艺上进行改进。目前生产工艺主要有水冲式清粪工艺、水泡粪清粪工艺、干清粪清粪工艺。水冲式、水泡粪清粪工艺耗水量大，污水和粪尿混合在一起，即便后续采用了干湿分离工艺，也加大了污水中污染物浓度，给后续的处理增加了难度。减量化的主要措施是提倡采用干清粪工艺，引导水冲粪向干清粪和水泡粪转变，粪便和尿、水分离、雨污分离减少污水产生量，最大限度地保存粪的肥效，减少污水中污染物的浓度。根据粪污来源，通过饲养工艺及相关技术设备的改进和完善，减少养殖场粪污的产生量，不仅可以节约资源，也可以减少粪污的后续处理投资和运行成本。

（二）无害化处理原则

不经过处理的畜禽养殖粪污中含有大量的病原体、蛔虫卵等，会危害生态环境，因此在利用过程中要对粪污做无害化处理。

（三）资源化利用原则

1. 种养结合，利用优先

俗话说"庄稼一枝花，全靠粪当家"。畜禽粪污富含农作物生长所需的氮、磷等养分，因此，不应该总是将其视为污染物，如果利用得当，它也是很好的农业资源。畜禽粪污经过适当的处理后，固体部分通过堆肥好氧发酵生产有机肥、液体部分可作为液体肥料，不仅能改良土壤质量和为农作物生长提供养分，而且能大大降低粪污的处理成本，缓解环保压力。因此，优先选择对养殖废弃物进行资源化循环利用，发展有机农业，通过种植业和养殖业的有机结合，实现农村生态效益、社会效益、经济效益的协调发展。

近年来，我国有机食品的发展保持了较好的发展态势，据专家预测，未来十年我国有机农业生产面积以及产品生产年均增长将在20%～30%，在农产品生产面积中占有1.0%～1.5%的份额，有机农产品生产对于畜禽粪便为原料的有机肥将有很大的市场需求。

当然需要注意的是，基于养殖污水的液体肥料，由于运输比较困难，且成本较高，提倡就近就地利用，因此，要求养殖场周围具有足够的农田。不仅如此，由于农业生产中的肥料使用具有季节性，应有足够的设施对非施肥季节的液体肥料进行贮存。对液体肥料的农业利用，要制订合理的规划并选择适当的施用技术和方法，既要避免施用不足导致农作物减产，也要避免施用过量而给地表水、地下水和土壤环境带来污染，实现养殖粪污资源化与环保效益双赢。

2. 延伸粪污处理产业链，提高资源化利用程度

传统的畜禽养殖粪污处理只通过简单的堆肥或是沉淀池就进行利用或是排放，严重影响了粪污的资源化利用程度。通过延伸粪污处理产业链条，利用过腹昆虫、水生植物等资源化程度较高的动植物转化粪污中未被畜禽消耗的营养物质，将粪便或污水中不能直接被植物吸收的营养物质转变成能被植物吸收的营养物质，在提高处理效率的同时增加了资源化利用的程度。转化后的粪便可以作为有机肥直接用作肥料；污水通过水生植物处理后可作为场内或周边农田的灌溉用水；过腹昆虫具有较高的营养价值，是优质的蛋白质饲料，可添加到畜禽日粮中，减少鱼粉类蛋白饲料的使用；水生植物的除臭效果较好，其营养价值颇高，可作为水禽饲料，改善水禽的肉质、风味及抗病能力。

（四）生态化原则

充分利用自然处理系统，与种植业紧密结合，以农养牧，以牧促农，实现系统生态平衡。养殖业的发展离不开种植业，种植业为养殖业提供饲料，养殖业为种植业提供充足的有机肥料。大量化肥不仅使土壤板结，土质逐年下降，而且也使畜禽粪便失去了原有的出路，使其从"资源"变成了"污染物"。加强农牧结合，不仅可减轻畜禽粪便对环境的污染，还可提高土壤有机质含量，提高土壤肥力，进而提高农产品质量，实现农业可持续发展。因此，生态种植业与养殖业结合是农牧种养平衡一体化发展的理想途径。

（五）低廉化原则

与很多行业相比，畜牧业是微利行业，又是农民增收致富的主要产业，如果粪污治理成本过高会增加畜禽养殖业的养殖负担，因此针对每个养殖场必须选择技术上可行、投资少、运行费用低的最佳处理模式，实现经济创收与粪污高效处理双赢的局面。

（六）因地制宜，合理选择原则

由于我国南北气候差别大，养殖场周围的自然条件各不相同，养殖场的规模也大小不一，养殖场所在地的环境要求也有所差别，所以无论哪种养殖场粪污处理和利用技术都无法满足所有养殖场的需求。因此，应综合考虑我国各地区社会经济发展水平、资源环境条件以及环境保护具体目标，根据规模化畜禽养殖场的实际需要，采取不同的污染治理工程措施，切实解决养殖场的污染治理问题。

对于地处农村地区，周围农田面积充足的规模化养殖场，建议选择种养结合的农田利用方法，对养殖粪污进行适当的处理（如沼气工程处理）后进行还田利用，将畜禽粪污（沼渣和沼液）作为有机肥料用于大田作物、蔬菜、水果或林木的种植。

对于地处城市郊区，周围农田面积有限的规模化养殖场，建议对养殖粪便进行堆肥无害化处理后生产有机肥，养殖污水进行净化处理后回用或达标排放。尤其是使用自来水的规模化养殖场，由于用水成本高，处理出水消毒回用，不仅可减少养殖场冲洗用水的水资源消耗，也可大大降低养殖生产成本。对于排放的处理出水，由于不同地区执行的标准不尽相同，应满足当地环保要求。

对于农作物秸秆丰富地区的养殖场，可采用堆肥发酵生产方式，将当地农作物秸秆用于畜禽养殖粪污堆肥发酵辅料，既有效利用农作物秸秆，又实现粪污的无害化处理。

总之，畜禽养殖场的粪污处理，高新技术并非生产应用之首选，采用适宜技术最为重要。

（七）全面考虑，统筹兼顾原则

对于畜禽粪污，养殖污水的处理较固体粪便的处理难度大，而养殖污水产生量与生产中的多个环节有关，因此，应综合考虑养殖生产工艺、清粪方式、生产管理等因素，确定适当的养殖污水的处理技术。

养殖场应根据生产工艺、清粪方式确定适宜的污水处理方式，也可根据确定的污水处理方式，选择适当的生产工艺或清粪方式，但不可将生产或清粪方式与后续的污水处理方式完全割裂开来。例如，对于采用水泡粪清粪工艺的规模化猪场，其粪污处理宜采用沼气工程技术或种养结合模式，如果选择达标排放处理技术，将增加后处理难度。对于干清粪养殖场，养殖污水中的固体物含量较少，如果采用连续搅拌反应器（CSTR）对养殖污水进行厌氧处理，为了确保反应器的工作效率，则往往需要向污水中添加固体粪便，将清理出来的固体粪便再加到污水中。显然，该场粪污管理的前后环节不配套，粪污管理过程不合理。对于垫料养殖的畜禽场，由于养殖场的污水量很小，因此，就不必建设污水处理设施。正因为畜禽生产工艺、清粪方式对养殖污水的有机物含量和污水量都有很大的影响，在养殖污水处理技术选择时，应充分考虑影响养殖污水的各个环节，选择最佳的污水处理技术方式。

第二节　粪污清理及控制关键技术

一、粪污处理场地布局

（一）处理场地布局

作为畜禽养殖中污染程度最高、生物危险性最大的环节，其在畜禽养殖场中的布局应位于养殖生产区的常年下风向，地势低洼处，处理区域须单独设置出入大门。收集池建造时需做防渗处理。

（二）粪污贮存设施建设要求

1.粪便贮存设施

畜禽养殖场（户）产生的固体废弃物包括圈舍清理出的畜禽粪便和垫草垫料，在设计固体废弃物贮存池时应考虑畜禽粪便贮存时间、贮存期内的畜禽粪便产生量、固体废弃物密度等。

粪便贮存池建设应符合的基本要求：

①地面为混凝土结构。防水，坡度为1%，设排污沟。

②墙高不宜超1.5m，砖混或混凝土结构、水泥抹面；墙体厚度不少于240mm，墙体防渗。

③顶部设置雨棚，高度不低于3.5m，便于机械作业。

④其他要求：雨污分流，防护设施，专门通道。

⑤容积=（存栏数 × 单位动物每天产粪便量 × 贮存天数）÷ 1 000 kg/m³（粪便比重）。

⑥贮存天数根据后续处理工艺确定。

2. 污水贮存池体积

畜禽养殖场污水主要来自畜禽圈舍冲洗水、未清理出的粪尿以及管理区生活废水等，在设计污水贮存池的时候还需要考虑到当地降水影响以及预留不可预见体积。

①内壁和底面应做防渗处理。

②池底高于地下水位0.6m以上。

③深度不超过6.0m。

④地下污水贮存设施周围应设置导流渠（高于地面20cm），防止径流、雨水进入贮存设施内。

⑤进水管道直径最小为30cm。

⑥周围应设置明显的标志和围栏等防护设施。

⑦容积=污水体积+雨水体积+预留体积。

⑧污水体积=存栏数 × 单位动物每天污水产量 × 贮存天数。

⑨雨水体积=该设施25年来每天收集的最大雨水量 × 平均降雨持续天数。

⑩预留体积：高度通常预留0.9m，按贮存池设计的长和宽进行计算。

二、粪污清理方式

（一）干清粪

干清粪是采用人工或机械方式从畜禽舍地面收集全部或大部的固体粪便，地面残余粪尿用少量水冲洗，从而使固体和液体废弃物分离的粪便清理方式。干清粪工艺的主要目的是尽量防止固体粪便与尿和污水混合，及时、有效地清除畜舍内的粪便、尿液，保持畜舍环境卫生，充分利用劳动力资源丰富的优势，较少粪污清理过程中的用水、用电，保持固体粪便的营养，提高有机肥肥效，降低后续粪尿处理成本。具体做法是粪尿通过养殖工艺自行分离，干粪由机械或人工收集、清扫、运走，尿及冲洗水则从下水道流出，分别进行处理。

干清粪的优点包括：冲洗用水较少，减少水资源消耗；污水中有机物含量较低，有利于简化污水后处理工艺及设备，降低污水后处理成本；保持固体粪便的营养物质，提高有机肥肥效，有利于粪便肥料的资源利用；能有效地清除畜舍内的粪便和尿液，保持畜舍环境卫生。

干清粪工艺分为人工清粪和机械清粪两种。目前大多数规模养殖场采用的是机械清粪工艺，养殖专业户和散养户多数采用人工干清粪工艺。

机械清粪方式是利用专用的机械设备替代人工清理畜禽舍地面的固体粪便，机械设备直接将收集的固体粪便运输至畜禽舍外，或直接运输至粪便贮存场所；地面残余粪尿用少量水冲洗，污水通过粪沟排入舍外贮粪池。

机械清粪的优点是快速便捷、节省劳动力、工作效率高；相对于人工清粪而言，不会造成舍内走道粪便污染。缺点是一次性投资较大，还要花费一定的运行和维护费用；工作部件沾满粪便，维修困难；清粪机工作时噪声较大，不利于畜禽生长。此外，国内生产的清粪设备在使用可靠性方面还有些欠缺，故障发生率较高。尽管清粪设备在目前使用过程中仍存在一定的问题，但是随着畜牧机械工程技术的进步，清粪设备的性能将会不断完善，机械清粪也是现代规模化养殖发展的必然趋势。

人工干清粪只需要一些清扫工具、人工清粪车等。设备简单，不用电力，一次性投资少，还可以最大程度做到粪尿分离，便于后续的粪尿处理。其缺点是劳动量大，效率低。

（二）水冲清粪

水冲清粪是粪尿污水混合进入缝隙地板下的粪沟，每天数次从粪沟一端的高压喷头放水冲洗的清粪方式。粪水顺粪沟流入粪便主干沟，进入地下贮粪池或用泵抽吸到地面贮粪池。该清粪方式的运行费用主要包括：水费、电费和维护费。一头猪每天需用水 20 ～ 25 升，电费主要来自水喷头和污水泵用电。

该工艺的主要目的是及时、有效地清除畜舍内的粪便、尿液，保持畜舍环境卫生，减少粪污清理过程中的劳动力投入，提高养殖场自动化管理水平。其优点是水冲粪方式可保持猪舍内的环境清洁，有利于动物健康。劳动强度小，劳动效率高，有利于养殖场工人健康，在劳动力缺乏的地区较为适用。

水冲式清粪的缺点在于：耗水量大，一个万头养猪场每天需耗大量的水（200～250m³）来冲洗猪舍的粪污。污染物浓度高，COD 为 15 000～25 000 毫克/升，BOD（生物需氧量）为 7 000～10 000 毫克/升，SS（悬浮固体）为 17 000～20 000 毫克/升。固液分离后，大部分可溶性有机质及微量元素等留在污水中，污水中的污染物浓度很高，而分离出的固体物养分含量低，肥料价值低。该工艺技术上不复杂，不受气候变化影响，但污水处理部分基建投资及动力消耗较高。

（三）水泡粪

水泡粪清粪工艺是在水冲粪工艺的基础上改造而来的。它是在猪舍内的排粪沟中注入一定量的水，粪尿冲洗和饲养管理用水一并排放到缝隙地板下的粪沟中，储存一定时间后（一般为 2 ~ 3 个月），打开出口的闸门，粪沟中粪水排出。粪水顺粪沟流入主干沟，进入贮粪池。该工艺的主要目的是定时、有效地清除畜舍内的粪便、尿液，减少粪污清理过程中的劳动力投入，减少冲洗用水，提高养殖场自动化管理水平。运行费用主要包括：水费、电费和维护费。一头猪每天需用水 10 ~ 15 升，电费主要来自污水泵用电。

水泡粪清粪优点为：比水冲粪工艺节省用水和节省人力，工艺技术不复杂，不受气候影响。

水泡粪清粪缺点为：由于粪便长时间在猪舍中停留，形成厌氧发酵，产生大量的有害气体，如 H_2S、CH_4 等，恶化舍内空气环境，危及动物和饲养人员的健康。粪水混合物的污染物浓度更高，后处理也更加困难。另外，污水处理部分基建投资及动力消耗也较高。

（四）三种清粪工艺的比较

现有的资料表明，采用水冲式和水泡式清粪工艺的万头猪场粪污水处理工程的投资和运行费用比采用干清粪工艺的多一倍。水冲式和水泡式清粪工艺，耗水量大，排出的污水和粪尿混合在一起，给后续处理带来了很大的困难，而且固液分离后的干物质肥料价值大大降低，粪便中的大部分可溶性有机物质进入液体，使液体部分的浓度增高。由于液体污染物处理难度本身就远远大于固体粪污的处理，再加上粪便中的可溶性有机物的进入，使得该工艺清粪方式下的液体污染物处理难度大大增加。

三、几种主要畜禽清粪方式

（一）猪场主要清粪方式

大型猪场通常选择机械清粪（刮粪板）、水冲粪和水泡粪清粪工艺，主要依据为该类型猪场投资较充足，管理正规，配备有较为完善的粪污处理设施和设备，对人工需求较小；中小型猪场宜选择人工干清粪工艺，主要依据为该类型养殖场投资额不高且主要用于猪舍和配套设施等基础性工程建造，无力承担机械清粪设备的购置和维护费用。

猪场的不同粪污收集与转运方式显著影响猪场的粪污量与有害气体排放量。就粪尿量而言，有统计显示，传统的一个自繁自养的万头猪场，采用水冲粪清粪模式，每天产生的粪污量大约为 150 吨，采用水泡粪清粪模式，每天产生的粪污量约为 60 吨，采用机械式刮粪板清粪模式，每天产生的粪污量约为 30 吨。

水泡粪系统是国外猪场普遍采用的一种粪污收集模式，因其具有工程造价与运行费用低、省人工、粪污收集与转运方便、耗水较少等优点，近几年在我国得到迅速推广。目前，我国大部分规模化猪场均采用这种粪污收集模式。然而，随着养殖规模扩大，水泡粪收集工艺的问题也随之凸显，主要表现在以下方面：一是采用水泡粪时，猪舍多采用全漏缝地板，粪尿在舍内存放时间长，发酵过程中产生大量的有害气体，因此，采用这种方式时，猪舍通风系统要求更高；二是猪粪本身特点，经舍内存放发酵后呈稠浆状，干湿分离较困难，成本较高，且氮、磷等成分多存于污水中，导致污水中COD含量高，干粪肥效差；三是采用这种工艺收集时，每次排粪时需要向粪池中注满足够的水，用水量增加。虽然这部分水可以污水回用，但显著增加了干湿分离成本。由此可知，水泡粪系统在收集阶段降低了成本，但后期处理难度较大。

鉴于我国大部分猪场没有足够配套土地来消纳粪污，特别是近几年我国环保压力逐渐增大，采用粪尿分离的刮板清粪技术具有显著优势。目前，我国猪场的刮板清粪系统多与全漏缝地板配合使用。粪沟底部横截面"V"字形，沟底两斜面坡度均为8%～10%。在"V"字形底部埋设"U"形导尿管，导尿管开口朝上，猪排粪尿时，大部分粪便留在"V"字形斜坡上，尿液沿坡而下流入导流管内导走，流入猪舍末端的集尿池内纵向形成0.3%～0.5%坡度，刮板沿坡而上清走干粪，粪尿及污水顺坡而下由导尿管导走，从而在清粪过程中实现粪尿分离。

猪舍的清粪系统与舍内冲洗水量、有害气体排放量等密切相关，选择时一定要综合考虑。比如，与实体地面相比，全漏缝地板猪舍可显著减少猪舍冲洗水量，但使粪尿在舍内暴露面积增加，有害气体浓度也随之增加。有研究表明，漏缝地板面积与舍内氨气浓度呈正相关，减少漏缝地板面积，显著减少猪舍内氨气浓度。

鉴于猪有喜干净、定点排粪的生物习性，设计粪尿分离的刮板清粪系统时，宜采用半漏缝地板。需要注意的是，猪栏设计与转群初期的训练对猪定点排粪影响很大。长宽比为1.5～2∶1时，猪更容易形成定点排粪习性。

人工干清粪工艺是通过人工使用简单的清粪工具清理出圈舍内地面的固体粪便，地面残余粪尿用少量水冲洗，污水通过排污沟排入舍外贮存池。劳动量大，效率低，所以人工干清粪适用于中、小规模的养殖场。

水冲粪工艺能及时有效清除舍内粪尿，劳动强度小，效率高，清洗干净，在水资源丰富的地区使用较多。但水冲粪工艺用水量大，粪污产生总量急剧增加，给后续处理造成巨大压力。为减少粪污产生总量，国家相关政策法规引导水冲粪工艺逐渐向干清粪、水泡粪工艺转变。

（二）鸡场主要清粪工艺

鸡场主要清粪工艺为干清粪，包括机械干清粪和人工干清粪，其中机械干清粪工艺适用于养殖规模大、养殖环境要求严格、机械化程度高的鸡场，主要清粪方式为刮粪板、粪便输送带等；人工清粪工艺主要适用于中小型规模，养殖环境相对宽松和用工成本较低区域的鸡场。

机械清粪技术最早采用的是刮板清粪方式，该方式是我国阶梯笼养鸡舍和网上平养鸡舍普遍采用的清粪模式。刮板清粪工艺取代人工清粪方式，大幅度节约了人工成本，提高了劳动生产效率。但鸡舍刮板清粪技术上存在以下问题：

第一，粪沟施工不当造成沟底和侧墙不平直等导致粪便很难刮干净。

第二，乳头饮水器漏水等导致低洼处积水，粪水混合发酵导致舍内有害气体浓度增加。

第三，钢丝绳等作为牵引绳时易被腐蚀，需要经常更换；尼龙绳的耐腐蚀性强，但易变性，沾水后容易打滑，导致牵引绳过松、刮板运行稳定性差。

第四，所收集的粪便稀，含水多。当鸡舍湿度较低时，鸡粪中水分大量挥发，鸡群换羽时鸡粪中混入大量的羽毛，导致鸡粪含水率过低甚至出现板结的现象，这给清粪带来难度。有的饲养员为了清粪方便，在清粪前往粪沟内加水进行稀释。日常操作中冲洗鸡舍的水也会流入粪沟，导致鸡舍卫生环境差、粪便的后续处理难度大。

传送带清粪工艺广泛适用于蛋鸡和肉鸡的叠层笼养系统。最常见的传送带清粪工艺是每层鸡笼正下方铺设传送带，与鸡笼同宽，略长于整列笼架。通常多层配合使用，笼架末端设置横向传送带，将每列每层收集的鸡粪转运至舍外。再通过斜向上的传送带将舍外鸡粪提升后送入清粪车拉走。该种清粪工艺具有全程粪不落地、收集率高、鸡粪含水率低、舍内有害气体浓度低等特点，降低了鸡粪后续处理难度。

鉴于以上优点，近几年来，新建养殖场选择采用传送带清粪工艺较多，市场上也有成熟的产品可供选择，对于已建成的鸡舍改造起来比较困难，其改造方法如下：

1. 刮板清粪阶梯笼养鸡舍传送带的改造

采用刮板清粪的鸡舍，由于鸡笼下方有清粪沟，可将传送带直接安装在清粪沟内。这种方法改造相对简便，不需改动鸡笼。但是，安装不理想时，舍内污水或靠近传送带边缘的粪便很容易通过传送带与粪沟壁之间的缝隙漏入沟底，不易清除。时间长了，很容易滋生细菌或发酵后产生臭气，彻底清洗消毒困难。

2. 笼底无粪沟阶梯笼养鸡舍的传送带改造

对于笼底没有清粪沟的鸡舍，由于鸡笼原有的支架很难满足传送带安装的空间要求，所以，可在地面重新设置立柱，将传送带固定在立柱上，然后再把鸡笼支架连接并安装在立柱上。这种改造需要挪动鸡笼，改造起来比较麻烦，但后期管理方便。此外，由于重新设置了立柱，使得笼架高度增加，为了满足喂料推车等各种设备的正常运行，鸡舍净高不能低于2 700 mm。

（三）牛场主要清粪工艺

我国牛场的清粪方式正处于人工清粪向机械清粪转变的过渡阶段。养殖场或养殖户可根据养殖规模和运行状况选择合适的清粪方式。清粪方式主要包括人工清粪、铲车清粪、水冲清粪、机械刮板清粪等。人工清粪是人工利用铁锨、铲板、箱帚等将粪收集成堆，人力装车或运走的一种清粪方式，是我国小型奶牛场或奶牛养殖小区的主要清粪方式。这种方式简单灵活，但工作强度大、环境差，工作效率低，人力成本也较高，这种清粪方式亟待被新的方式取代。

铲车清粪方式在我国规模化牛场中普遍存在。清粪铲车通常由小型装载机改装而成，推粪部分利用了废旧轮胎制成一个刮粪斗，更换方便，小巧灵活。驾驶员开车把清粪通道中的粪刮到牛舍端的贮粪池中，然后集中运走。由于铲车体积大，工作时噪音大，所以牛应激大，且运行成本较高。

水冲清粪系统是将牛舍粪污由舍内冲洗阀冲洗至牛舍端头的集粪沟，再由集粪沟输送至贮粪池后做固液分离处理，分离后的液体作为牛舍循环冲洗系统的水源。该系统省人力、劳动强度小、工作效率高、能频繁冲洗，保证牛舍的清洁、卫生。该工艺技术不复杂，但污水处理系统的基建投资和动力消耗很高。

刮板清粪方式通过电力驱动，链条带动刮粪板在牛舍来回运转进行自动清粪，是我国规模化奶牛场普遍使用的清粪技术。该系统在不影响奶牛正常活动的情况下可及时清理牛舍过道中的粪污，保持牛舍清洁，具有省人工、噪音低、运行成本低等优点。

（四）清粪方式的选择

首先，清粪方式应与粪污后期处理环节相互匹配。清粪只是粪污管理过程的一个环节，它必须与粪污管理过程的其他环节相连接形成完整的管理系统，才能实现粪污的有效管理。也就是说，我们可以根据选定的清粪方式，确定后续的粪污处理技术；也可以根据选定的粪污处理技术，确定相匹配的清粪方式。例如，如果某猪场打算采取沼气工程处理粪污，该猪场的清粪方式最好选择为水泡粪清粪方式；同样如果某猪场采用水泡粪清粪方式，粪污的后期处理确定为达标排放处理就不合适，因为水泡粪的粪污中有机物浓度很高，对这样的粪污进行净化处理，显然要付出很高的代价，得不偿失。

其次，选择清粪方式还应综合考虑畜禽种类、饲养方式、劳动成本、养殖场经济状况等多方面因素。由于畜禽种类不同，其生物习性和生产工艺不同，对清粪方式的选择也有影响。例如，蛋鸡主要采用叠层笼养，由于鸡的尿液在泄殖腔与粪便混合后排出体外，生产过程中几乎只产生固体粪便，因而采用干清粪方式。

四、粪污的贮存

（一）粪便贮存

粪便贮存过程中会向外界释放CO_2、CH_4、NH_3和氮氧化物等气体，并产生传播疾病的蝇蛆。要避免这些问题的发生，一种方法是尽量在贮存过程中使粪便朝着无害化的方向发展，另一方法要把握好贮存周期，尽快将粪便转移，推荐以下方法供读者借鉴。

1. 覆盖

覆盖贮存是指在粪堆上覆盖薄膜或物料以减少气体挥发的一种方法，通常采用塑料薄膜或者稻草、锯末覆盖。有研究表明，塑料薄膜的覆盖能够减少N_2O排放量的94.85%和CO_2排放量的88.85%；然而CH_4只是在贮存0～9天有所减少，后期大幅增加，这是由于堆体内形成厌氧状态的缘故。所以，采用塑料薄膜覆盖贮存粪便周期控制在一周。

覆盖稻草和锯末不同程度地影响猪粪贮存温室气体及氨气的排放。相关研究表明：春夏季猪粪贮存，覆盖稻草或锯末都会增加CO_2、CH_4、N_2O的排放量；秋冬季节猪粪贮存，覆盖稻草会减少温室气体排放总量；覆盖稻草和覆盖锯末对CH_4的减排效果较为明显，对NH_3的减排效果则差一些。

2. 加入发酵辅料

贮存过程中加入辅料能够减少有害气体的排放，如木屑、稻草和磷石膏。研究表明，用高碳添加剂如秸秆来提高肥料堆的碳含量可以有效减少N_2O和CH_4的排放量。由于高碳添加剂可以增加储存初期的畜禽粪便碳氮比、粪便干物质含量，以及调整粪便孔隙率。

3. 反应器贮存

将堆肥反应器作为粪便贮存设施，直接把贮存和处理工序合二为一。该设备采用高温好氧发酵工艺，能够将储存在其中的粪便转化为有机肥料。一个生产周期或贮存周期为10～12天。该法的优点在于高度机械化和自动化、发酵产生的臭气通过专门的除臭器进行处理、无需建造贮粪室或有机肥厂房，缺点是设备投资成本较高。

（二）污水的贮存

污水的贮存应建设相应的贮存设施，贮存设施应选择在养殖场地势较低处及常年主导风向的下风向或侧风向，并做好防雨防渗防漏防溢出措施。防雨设施建议选用阳光板建设，增加蒸发量，污水管道选用暗沟，直径不得小于30cm。地下式粪水贮存设施周围应设置导流渠，防止雨水径流进入贮存设施内。粪水贮存设施周围应设置明显的标志或者高0.8m的防护栏。

五、源头减量技术

（一）饲料生态化

饲料生态化推广使用绿色有机添加剂等高新产品与技术，提高饲料品质和利用率。严控添加剂的使用，严格遵守国家法律法规，严禁违规添加非法物质饲养畜禽，严禁违规使用饲料添加剂及抗生素等。

1. 基本原则

饲料减量的基本原则一是提高生产性能，减少单位畜产品的饲料消耗量；二是实现畜禽精准营养配合，提高饲料氮、磷等养分的利用效率。

（1）提高畜禽生产水平，减少单位畜产品的饲料消耗量

家禽生产中，降低全程死淘率、提高蛋鸡商品率，可以显著降低单位产品的氮、磷排出量。生猪生产中，加强生物安全，提高母猪繁殖效率和仔猪成活率，提高出栏率，可明显提高单位出栏体重的饲料消耗量，降低氮磷排放量。在奶牛生产中，优化畜禽结构，淘汰低产和低效率个体，提高奶牛利用年限和总产奶量，实现减少氮磷排放量的效果。

（2）实现畜禽精准营养配合，提高饲料氮磷利用效率

饲料原料中的氮磷等营养物质含量受农作物品种、气候条件、施肥量等多种因素的影响。例如，对全国范围内采集的50多个玉米样品进行分析，粗蛋白水平平均为8.0%，变化范围在6.7% ~ 9.5%。利用红外仪和其他快速估测方法，可以较为准确地确定饲料原料中的氮、磷养分浓度，避免过量或缺乏。畜禽的营养需要量受品种、性别、生长发育阶段、生产水平、畜禽舍环境等因素的影响，分性别饲养、精细划分饲养阶段、按需要调整饲料配方、使用酶制剂提高饲料养分消耗量等措施，均可实现减少氮、磷排放的目的。

2. 饲料的主要减量技术

（1）氮减量技术

畜禽所需的氨基酸主要由植物性蛋白饲料提供，由于植物性蛋白饲料氨基酸构成与畜禽对必需氨基酸的需要有一定的差异，完全满足畜禽氨基酸需要通常需要较高的日粮粗蛋白水平。添加工业氨基酸为解决这一问题提供了行之有效的方法。即适当降低日粮中粗蛋白水平并补充畜禽生长或生产所需的必需氨基酸，在不影响畜禽生产性能的同时，降低饲料粗蛋白水平，减少粪便中氮的排泄。

对于仔猪，由于传统饲料偏好高蛋白，所以降低其饲料粗蛋白水平的空间较大。若将仔猪饲料中的粗蛋白从24%降到18%，粪氮排泄可降低28.3%。一般认为，饲料粗蛋白水平每下降1%，氮的排放就会降低8%以上，但过度降低蛋白水平会损害仔猪消化道，影响其生长发育。由于猪饲料中杂粮比例较高，导致饲料蛋白等养分消化率较低，不但对猪的生长速度和肉品质有负面影响，而且提高了粪氮的排放。如果补充氨基酸，满足可消化氨基酸的需要，降低饲料粗蛋白水平，可以全部或部分消除杂粮的负面影响，降低粪氮排放。在配制60 ~ 90kg肥育猪无豆粕饲料时，将蛋白水平从13%降到11% ~ 12%，并在可消化基础上平衡氨基酸，可取得更好的饲养效果，明显减少猪尿液总量和尿氮排出量，同时，也能降低猪粪臭素含量。

目前蛋鸡饲料粗蛋白水平一般是以16%为基础，降低饲料粗蛋白含量2% ~ 3%，同时补充氨基酸，使其必需氨基酸含量保持在正常营养水平。与常规营养水平饲料相比，补充必需氨基酸和甘氨酸后，13%的日粮粗蛋白水平对蛋鸡产蛋后期生产性能没有显著影响，预期可降低蛋鸡氮排泄量10%以上。此外，多种饲用酶制剂都有提高肉鸡蛋白质消化率的作用，尤其能提高杂粮等低档替代性原料蛋白质的消化率，部分抵消因杂粮替代豆粕导致的蛋白质消化率降低的问题，此途径也可减少肉鸡的氮排放量。

（2）磷减量技术

磷是畜禽生长与生产的必需矿物元素，在动物机体发育与生产中发挥着多种重要的作用，包括骨骼形成、能量代谢、蛋的形成等。畜禽体内的磷来源于饲料中所含磷的消化、吸收。谷物类饲料中，50% ~ 85%的磷以植酸盐形式存在。对于畜禽而言，由于消化道内缺乏植酸酶，因此，以植酸盐形式存在的磷无法得到有效利用。为了满足畜禽对磷的需要，饲料中一般需要添加无机磷，以满足畜禽生长和生产的需要。

在畜禽配合饲料中添加植酸酶，可以提高畜禽对植酸磷的利用率，从而减少在饲料中添加的无机磷水平，进而有效减少磷的排放量。

在猪饲料磷的减量方面，植酸酶的开发和应用已经收到良好的效果。在仔猪饲料中添加1 000U/kg植酸酶，同时降低有效磷0.2个百分点，总磷表观消化率可提高25%，相应磷排放可减少49.4%。在肥育猪饲料中添加500U/kg植酸酶，同时降低总磷0.1个百分点，可减少磷排放21% ~ 23%。一般而言，饲料中添加植酸酶可使猪粪便中磷的排泄量减少20% ~ 50%。植酸酶与有效磷之间存在当量换算关系，1U植酸酶约相当于2 ~ 4mg有效磷。另外，准确判断猪对磷的需要量并测定饲料原料中总磷和有效磷的含量，也有助于减少饲料中无机磷的过量添加。在实际生产中，要获得良好的磷减量，需把控以下几点：

①一般仔猪阶段添加植酸酶500U/kg，生长猪阶段添加植酸酶300U/kg，肥育阶段添加植酸酶250U/kg，均可降低日粮中0.1个百分点的非植酸磷。

②添加植酸酶的情况下还必须保证非植酸磷（或有效磷）含量，以免影响猪的生长。其中仔猪（断奶～20kg）为0.20%，生长猪（20～80kg）为0.15%，肥育猪（80kg～出栏）为0.10%。

在鸡饲料减磷方面，我国肉鸡饲料的绝大部分为植物性原料，而植物性饲料原料中总磷的利用率较低，有效磷仅为总磷的1/3，大部分磷随粪排出体外。实际生产中配制鸡饲料时，通常要添加1%～2%的磷酸氢钙等无机磷源补充饲料中有效磷的不足。而无机磷源的磷利用率也不是100%，导致大量的磷排放到环境中。植酸酶是专一降解饲料中植酸（肌醇六磷酸）的酶制剂，可将植酸的磷酸根释放出来，给鸡生长提供有效磷。向鸡饲料中添加植酸酶可有效提高饲料中磷的利用效率，减少无机磷的添加量。在产蛋鸡日粮中植酸酶的添加量一般在300～500U/kg。

在牛饲料减磷方面，磷减量的最有效措施是在满足奶牛磷营养需要的前提下，降低日粮磷水平，确保日粮提供的磷与奶牛需要磷的量尽可能一致。植物性饲料中的植酸磷在奶牛瘤胃内被降解，降解率约在70%以上。因此，提高奶牛饲料磷利用效率的方法是提高瘤胃微生物发酵的因素。在奶牛TMR日粮中添加外源性植酸酶也可以提高磷的利用率，在TMR混合日粮中找那个植酸酶即可发挥作用，减少粪尿中磷的排放。

（3）重金属减量技术

畜禽粪便中重金属Cd、Cr、As、Cu、Zn都有不同程度的超标，且质量分数与饲料中重金属质量分数呈显著正相关关系。由此可见，饲料重金属含量超标是造成畜禽粪便重金属超标的主要原因。饲料中的重金属主要来源于饲料中添加的微量元素，微量元素对维持动物的新陈代谢、生长发育、免疫功能等具有重要的作用，是动物必需的重要营养物质。Cu、Zn能提高肠道中多种消化酶的活性，有助肠道消化吸收，降低仔猪的腹泻率。因此，高Cu、高Zn饲料的应用比较普遍。研究表明，微量元素在动物体内吸收利用率低，成年猪只能吸收7%～15%的Zn和5%～10%的Cu，绝大部分随粪便排出体外。长期使用高Cu、高Zn粪便作为肥料，会使农田Cu、Zn含量大幅超标。

重金属具有毒性大、生物富集性强、不可自然降解及来源复杂等特点。主要包括Cd、Cr、Hg、Pb、Cu、Zn、Ag、Sn、As、Al等，按毒性来讲Hg、Cd、Pb、Cr、As毒性较强，称"五毒"。当重金属元素进入动物体后，其随着血液循环输送到全身各个部位，或以原有形式沉积下来，或形成其他化合物对机体产生作用。当禽畜吸收大剂量的重金属将会导致严重的消化道症状，并进一步损伤肝脏、肾脏和中枢神经系统。未被吸收的重金属随粪便进入到土壤，在土壤中聚集，过量的As、Hg会阻碍植物根部对水分、Ca、Mg等营养成分的吸收，影响植物的光合作用效应和细胞分裂，迫使植物细胞膜脂的过氧化酶活增高，从而抑制植物正常生长发育。

（4）抗生素减量技术

由于抗生素在动物体中不能完全被吸收，导致畜禽粪便中抗生素高浓度残留，对生态环境和人类健康构成很大威胁。畜禽粪便中含量较高的抗生素包括四环素类、磺胺类、喹诺酮类和大环内酯类等，其中四环素类抗生素成本低，副作用相对较小，含量普遍较高。

抗生素是生物（主要是真菌、放线菌或细菌等微生物）在其生命活动过程中所产生或由其他方法获得的，能在低微浓度下有选择地抑制或影响它种生物功能的有机物质。抗生素被广泛用于人类医疗、动物疾病控制和预防，以及种植业和工业。

抗生素在畜禽养殖中发挥着重要的作用，目前，全球至少有70%以上的抗生素被用于畜禽养殖业，在全球范围内几乎所有地区都使用抗生素治疗或预防畜禽疾病来实现增加动物产品产量、提高经济效益的目的。

抗生素在畜禽养殖中的用途分为两类：治疗用抗生素和药用饲料添加剂防病用抗生素。在国内目前的饲养模式和环境下，要想完全限制和禁止抗生素使用是不可能的，但是可以做到减量和替代。在一段时间内，抗生素在动物疫病防治中仍占有重要地位。因此，科学利用、逐步减用、严禁滥用抗生素，实现抗生素的减量化是当前畜牧业需要坚持的基本原则。要实现抗生素的减量化，首要就是提高动物健康水平，只有健康的动物，才能在免疫后产生有效的免疫抵抗力，那些营养不良、消瘦、各种因素导致免疫抑制或处于应激状态的动物，在接种疫苗后所产生的免疫力往往不会达到理想效果。因此，养殖场必须进行科学的饲养管理，搞好环境卫生和消毒工作，保证圈舍饲养密度及温度适宜，通风换气良好，光照充足和饲料营养均衡安全，让动物群健健康康，发病率低，为抗生素的减量化奠定坚实的基础。

抗生素减量化主要措施如下：

①强化安全合理用药原则，从源头减量。抗生素在动物疫病防治中占有重要的地位，在用药时应合理组方，协同用药，按疗程用药，勿频繁换药。禁止使用禁用兽药，同时建立用药记录。

②做好畜禽养殖投入品管理，是抗生素减量的核心工作。畜禽养殖投入品主要有畜禽饮水和饲料。畜禽饮水中有害微生物广泛存在且存活时间长，畜禽饮用诸如含大肠杆菌、链球菌、沙门氏菌等有害微生物的水后，会出现发病，甚至死亡的现象。因此，为从源头上控制、防止有害微生物对畜禽产品的污染，必须对畜禽饮水进行沉淀、净化、消毒等无害化处理。

饲料（主要成分是玉米）霉变是当前国内猪瘟免疫失败的一个重要因素。及时烘干并合理储藏即可减少20%的霉变玉米，可以大大降低我国畜禽养殖产业的成本，提升产出效率并使抗生素减量化。通过减少玉米霉变，提升母猪生产能力，按1头母猪年供20头商品猪算，我国只需饲养3 500万头母猪即可。此外，饲料的制粒直接影响动物的消化系统，细粉碎日粮比粗粉碎日粮更易引起胃炎。粉碎粒度0.2～0.5mm时饲料消化率最高。

③保证适宜的饲养密度是使抗生素减量的重要技术措施。减量技术要做到位，实际上最根本的问题不在于饲料，而是在饲养管理和环境。饲养密度是单位面积饲养动物的数量，是畜禽生产中关键的管理因素之一。为求得畜禽养殖效益的最大化，养殖者常常以牺牲一定程度的生长率和饲料效率为代价，尽量增加单位面积中养殖对象的数量，以求得尽可能多的畜禽产品。然而，高密度将导致动物的"高应激"和"免疫抑制"，使畜禽的生产能力降低并增加患病比例，从而导致常规用药的增加和死亡率的增加。因此，合理的饲养密度是养殖生产非常重要的技术措施。饲养密度受多种条件的制约，并没有固定的参数，随着地区、季节、饲养方式的不同其密度也有差别，应当因地、因时地加以灵活掌握。

如何提高动物健康水平，涉及很多方面的问题，如养殖环境、饲料的营养水平、养殖场的管理水平等，减量技术要做到位，单靠一个技术是无法解决问题的，必须是技术集成，包括营养调控、环境控制、疫病防控等技术。

随着人们对公共卫生安全、环境保护和食品安全认识的不断提高，饲用抗生素添加剂带来的巨大经济利益背后所隐藏的种种弊端逐渐被人们认识，诸如抗生素滥用引起耐药菌株的产生、动物免疫机能的下降、畜产品乃至环境中药物的残留等问题。当前，饲用抗生素添加剂的禁用已是国际趋势，因此，找到一种安全有效的饲料添加剂来替代抗生素势在必行，其中，尝试用益生菌制剂、抗菌肽、酸化剂、寡聚糖、植物提取物和中草药等替代抗生素在不断开发中。

（二）污水减量化

畜禽养殖场污水量减量主要可以从三个方面进行：一是雨污分离；二是饮污分离；三是生产工艺与管理用水

1. 雨污分离

养殖场的雨水采用明沟排放，建议尺寸为0.3m×0.3m，养殖污水采用暗沟或管网收集，管道直径在200mm以上，防止雨水进入污水收集系统，保证雨污分离彻底。

2. 饮污分离

改造饮水器，保证畜禽泼洒饮水不流入污水中，减少污水产生量。研究表明，改变生猪的饮水方式，优化饮水器的结构，调整饮水器的水流速率、安装高度及数量等措施，既能保证畜禽舒适饮水，又能有效减少水的浪费，有利于节约用水，减少粪污量的增加，达到节水减量的目的。一般在群养饲养模式下，猪舍的饮水器应安装在喂料器附近，与猪只休息区和排泄区有明显的区别，每10头猪配置一个饮水器，应按照不同阶段猪适宜的流速调节饮水器流量。水流速率较高时，饮水器溢出的水量占总耗水量（包括饮水量和浪费水量）的23%，而水流速率较低（0.65L/min）时，饮水器溢出的水量仅占总耗水量的8.6%。

选择清洁型饮水器可减少生猪养殖水污染物产生量。目前应用较多的是限位饮水碗、饮水碗、饮水盘等，养殖户或养殖企业可根据实际情况选择合适的饮水装置。针对各类饮水器的特点，从如何减少污水产生量的角度考虑，将碗式饮水器和鸭嘴式饮水器组合成一种新型饮水器，实现水污分离，可以同时解决饮水污染和污水产生量大的问题，实现健康养殖与废水的减量化。

3. 生产管理方式选择

规模养殖场的污水主要由畜禽的尿液、进入粪沟的雨水、动物嬉戏洒漏的饮水和生产管理用水，以及随水进入的粪便组成。其中生产管理用水包括圈舍、饲槽、地面和设备清洁冲洗水等。一个自繁自养的年出栏万头的猪场一天大约用水100吨，而生产管理用水量一般占猪场用水量的一半以上，所以，做好生产管理用水减量是减少畜禽养殖场污水总量的有效方法。

第一，改变冲栏习惯，尽量使用干清粪工艺，少冲栏，将粪便清理出来后，进行发酵处理或售卖，以减少污水中污染物浓度，减轻污水的处理难度。采用干清粪可比水冲粪节水40%。干清粪可采取人工干清粪、机械干清粪、传送带清粪等方式。圈舍清洗时使用高压水枪刷圈消毒，可比传统方式节水2/3。

第二，冲水设备的选择。采用高压水枪冲洗或水汽混合冲洗方式既可以达到节约用水的目的，又可以节省冲洗时间，还可以从源头上减少水污染物产生量，在一定程度上降低了后续处理与利用的难度，有利于畜禽养殖污染的控制。

第三，圈舍地面类型。圈舍地面类型，特别是猪舍地面类型也与冲洗水量有很大关系，结合猪的定点排粪习性和猪只福利、舍内空气质量以及后续粪污处理等综合考虑，采用半漏缝地板地面工艺不但能减少冲洗水用量，还容易实现粪尿分离的目的，降低粪污处理难度，同时相比于全漏缝地板降低了舍内氨气浓度，减少了疾病的发生。

4. 制度措施

安装水表，定额管理，控制人为浪费和管道滴漏，培养工作人员节约用水意识。畜禽养殖场工作人员特别是畜舍饲养管理人员应有节约用水的良好习惯，应建立用水量责任制管理办法，通过生产实际测算，科学地设定在保证生产指标和卫生条件的情况下所需的生产用水量。在每个责任人的水源处安装水表，定期统计该责任区用水量，并详细分析考核与用水有关的生产指标完成情况，对超过规定用水量的责任人进行处罚，对未超过用水量的饲养管理人员进行奖励。形成良好的节约用水意识，能使饲养管理人员减少不合理的用水，并可督促其定期检查饮水器状态，及时维护保养，从而达到节水目的。

第三节　养殖粪污处理技术模式

一、种养结合概述

（一）概念

1. 广义概念

种养结合是种植业和养殖业相互结合的一种生态模式。养殖业是人与自然进行物质交换的重要环节，是指利用已经被人类驯化的动物或者野生动物的生理机能，通过人工饲养、繁殖，使其将可饲植物能转变为动物能，以取得肉、蛋、奶、皮、毛和药材等畜产品的生产部门。种植业是农业的主要组成部分之一，是利用植物的生活机能，通过人工培育以取得粮食、副食品、饲料和工业原料的社会生产部门。种养结合模式是将畜禽养殖产生的粪污作为植物生长的粪肥来源，种植业生产的作物又能够给畜禽养殖提供食源的一种有机结合模式。

2. 狭义概念

简单地说，种养结合模式是养殖场（小区）采用干清粪或水泡粪等清粪方式，将液体废弃物进行厌氧发酵或多级氧化塘处理后，就近应用于蔬菜、果树、茶园、林木、大田作物等生产。固体经过堆肥后就近或异地用于农田。鼓励各地借鉴国际上实施的"畜禽粪便综合养分管理计划"的成功经验，根据当地降雨、水系、地形、粪便养分含量、土壤性质、种植作物特点，集成粪便收集、贮存、无害化处理、粪肥与化肥混施、深施技术和设备，全链条实施粪便养分综合利用计划。通过自有土地或土地流转等方式，促进粪便就近就地还田，实现土地配套、种养平衡。

总的来说，种养结合就是养殖场（小区）采用干清粪或水泡粪清粪方式，固体经过堆肥后就近或异地用于农田；液体进行厌氧发酵或多级氧化塘处理后，就近应用于大田作物、蔬菜、果树、茶园、林木等。该模式适用于周围农田充足的养殖场。

（二）工艺流程

现代化养殖场的种类多种多样，甚至可以说每个养殖场都有各自的特点和运作方式，因此针对不同地域、不同气候、不同地形的种养结合也各不相同。粪便处理和还田形式都要综合考虑以下因素：

第一，养殖种类、养殖规模和群体结构。

第二，饲料情况及结构。

第三，养殖形式。

第四，清粪方式。

第五，耕作种植管理。

第六，养殖场周边的地形情况。

第七，与水源和邻近单位的距离。

第八，粪便处理。

第九，利用方式。

第十，养殖场未来的发展。

1. 规划布局

应用种养结合模式处理畜禽养殖场养殖污染防治问题，首先，在建场初期要考虑养殖规模及场区周边有无与养殖规模相适应的土地消纳畜禽粪便。科学规划畜牧生产布局、规范养殖行为，避免因布局不合理而造成对环境的污染，建场应充分考虑当地土地利用规划，以及注意畜牧部门会同土地、环保部门依据《中华人民共和国畜牧法》《中华人民共和国环境保护法》《水污染防治行动计划》《土壤污染防治行动计划》等法律法规并结合城市（村镇）整体规划划定的禁养区、限养区及养殖发展区。其次，要与种植业布局相衔接，考虑周边有无与养殖规模相适应的农作物或果树等种植地。最后，发展方式必须生态化，在实施种养结合生态循环模式发展中，把"相对集中、适度分散、科学规划、合理布局"的选址原则，"适度规模、容量化消纳"规模建场原则，"干湿分离、雨污分流"减量化排放原则，"沼气配套、生物发酵床"无害化处理原则，"种养结合、生态还田"资源化利用原则，作为发展种养结合生态循环模式的行为准则，使上一环节的废弃物作为下一环节的资源，实现种养优势互补的良性生态循环，促进养殖业发展和环境保护相和谐。

2. 粪便收集

畜禽场粪便的产生量因品种、生长期、饲料、管理水平、气候等原因，不同畜禽排泄量差别很大，含水率则差别更大。

畜禽粪便按含水率划分为固态（含水率＜70%）、半固态（含水率70%～80%），半液态（含水率80%～90%）、液态（含水率＞90%）。清粪工艺对畜禽粪便的含水率影响较大，畜禽场采用水冲粪工艺和水泡粪工艺，粪便含水率在95%以上（如果不采取固液分离，处理技术难度大，投资高）；采用干清粪工艺，粪便含水率一般在70%～85%。有些畜禽场由于饮水器漏水则粪便含水率高达85%以上，蛋鸡采用重叠式笼养和高床饲养产生的粪便含水率则低一些，肉鸡采用垫料平养，肉鸡出栏时垫料与粪便混合，其含水率较低。

（三）具体模式

种养结合有粪污全量还田模式、粪便堆肥利用模式、粪水肥料化利用模式和垫料发酵床养殖模式四种模式。

1. 粪污全量还田模式

（1）模式概述

对养殖场产生的粪便、粪水和污水集中收集，全部进入氧化塘贮存，氧化塘分为敞开式和覆膜式两类，粪污通过氧化塘贮存进行无害化处理，在施肥季节进行农田利用。

该处理模式主要是利用氧化塘的藻类共生体系以及土地处理系统或人工湿地中的植物、微生物净化粪污中污染物，可以利用荒废的河道、沼泽地、峡谷、废弃的水库等地段，利用黏土层或修建覆膜式人工氧化塘。氧化塘处理后的粪水，可用于农业灌溉，也可用于水生植物和水产的养殖。

（2）工艺流程

粪污全量还田处理模式主要是以氧化塘处理技术为主。将养殖场产生的尿液、冲洗水、粪便及生产过程中产生的水经过氧化塘进行厌氧、好氧发酵后，其中含有高浓度的有机物质和养分，将作为水和养分资源通过农田管网或罐车输送进行农田利用，促进农作物的生长和土壤肥力的提高，对提高农田土壤质量和缓解农业水资源危机具有重要的意义。

（3）利用

粪污厌氧处理后进行农田施用，已逐渐被全球农业生产所接受。许多研究表明，施用厌氧发酵后的粪污可增加作物产量，厌氧粪污中氮磷养分能够替代化学肥料补充土壤中养分，且在一定程度上提高作物养分利用率，同时，厌氧粪污含有大量有机质，进入土壤后，粪污中活性物质能活化土壤吸附的磷。另外，粪污施用后可增加土壤孔隙度、土壤有机碳含量。

①还田输送

经过氧化塘处理的养殖粪水集水和养分于一体，进行粪水农田施用时，应根据养殖场匹配农田的地形和位置，合理地设置可调配水量的管道、沟渠输送系统或罐车运输系统，确保粪水能到达需肥的农田。农田与养殖场距离较近（1 000米以内），应用渠道或管道输水，或采取渠道与管道输水相结合的形式，通过各个支渠进行施用。粪水渠道、管道输送系统应采用防漏、防渗结构，防止粪水输送过程中养分流失。农田与养殖场距离较远（1 000米以外），可在田间建立粪水农田贮存池，并设置阀门。应用粪水罐车将厌氧污水运输到农田粪水贮存池，使管道、沟渠输送系统与粪水农田储存池连接，进入田间后以中、低压输水管道为主，也可从池中抽取厌氧粪水通过各级管道输送到田间；厌氧粪水农田施用时，避免使用土质渠道，以减少粪水中养分的渗漏，防止地下水污染。

②农田施用

厌氧粪水施用于农田，水量、施用次数及时期应当充分考虑农作物耗水需肥量、气候条件、土壤水分动态、土壤环境状况及作物生长等。厌氧粪水农田施用时，在不影响农作物农产品卫生品质的前提下，可因地制宜地采取沟灌、渗灌、漫灌和喷灌方式。粪水农田施肥时应根据气象预报选择晴朗天气和干燥土壤，避免雨天和下雨前一天施用。同时，喷洒在农田的厌氧粪水必须在24小时内注入。同一地块粪水施用时间间隔不得低于7天。施用农田与各类功能的地表水体距离不得少于5米。不同的作物可制定不同的厌氧粪水施用次数和施用量，一般为2 ~ 3次，单次全量厌氧粪水施用量应控制在300 ~ 800m³/hm²，各类农田厌氧粪水单次最大施用量不得超过900m³/hm²，对于高风险的土地，厌氧粪水施用的限值为50m³/hm²。如种植冬小麦和夏玉米作物，一般可在小麦越冬期、拔节期和抽穗期及玉米种植后进行施用。有清水水源的地方，可以进行清水与厌氧粪水轮换施用或混合施用方式，整个轮作周期厌氧粪水带入氮量控制在240m³/hm²内。

厌氧粪水出水NH_4^+–浓度范围10 ~ 100kg/L时，适宜作物施用时期为苗期、越冬期、返青期、拔节期、抽穗期，灌水4 ~ 5次。施用量以700 ~ 800m3/hm2为宜。

厌氧粪水NH_4^+–出水浓度范围100 ~ 350mg/L时，适宜作物施用时期为越冬期、返青期、拔节期、抽穗期，作物苗期应尽量避免施用，施用次数3 ~ 4次，厌氧粪水施用量500 ~ 600m3/hm2为宜。

厌氧粪水出水NH_4^+–浓度范围350 ~ 600mg/L时，适宜作物施用时期为越冬期、返青期。

（4）畜禽养殖土地承载力测算

畜禽粪污中所含的氮磷养分满足农作物生长，基本要求是作物营养需求和施用粪污的营养成分总量达到平衡。用经过处理的粪污作为肥料满足作物生长需要，其用量不能超过当地土地消纳能力，避免造成土壤板结、农作物渗透失水消亡及地表和地下水体污染等。

畜禽养殖土地承载力为作物在单位农田种植面积下，作物总养分需求量中通过畜禽粪污养分提供的承载家畜最大数量。畜禽养殖土地承载力的大小由区域水资源量、畜禽养殖发展水平、区域土地量、当地畜禽养殖污染治理技术水平、政策法规等多方面因素所决定。有关土地承载力的计算可分为两种类型，一是根据一定生产条件计算土地生产潜力，二是在前面的研究基础上，根据一定饲养水平计算土地资源承载畜禽的数量。

参考国外经验和我国相关研究成果与标准，建议依据区域内土地对畜禽养殖氮养分的负荷能力，测算畜禽养殖土地承载力，即主要根据区域内作物总产量的养分需求估算单位耕地养分需求，区域内粪肥总养分产生量和供给量，在此基础上进行养分需求与土地承载力核算。

①作物总养分需求

根据各地区统计的主要粮食作物、蔬菜和水果的产量，乘以每种粮食（蔬菜、水果）

单位产量所需的氮（磷，钾）养分量，主要作物单位产量养分吸收量推荐值见表3-2，其他作物可以查阅文献，或根据当地实测数据累积求和获得该地区作物总的养分需求。

表3-2　形成100千克产量所吸收营养元素的量

作物种类	氮（千克）	磷（千克）	钾（千克）	产量水平（吨/公顷）
小麦	3.0	1.0	3.0	4.5
水稻	2.2	0.8	2.6	6
苹果	0.3	0.08	0.32	30
梨	0.47	0.23	0.48	22.5
柑橘	0.6	0.11	0.4	22.5
黄瓜	0.28	0.09	0.29	75
番茄	0.33	0.1	0.53	75
茄子	0.34	0.1	0.66	67.5
青椒	0.51	0.107	0.646	45
大白菜	0.15	0.07	0.2	90

注：表中作物形成100千克产量吸收的营养元素的量为相应产量水平下吸收的量。

②单位耕地养分需求

根据计算获得的作物总养分需求量除以该地区总的耕地面积，获得单位耕地面积氮养分需求。

③区域粪肥总养分产生量

依据不同畜禽日排泄的固体粪便和尿液量，以及粪便和尿液中的氮的浓度值，乘以该种动物的饲养周期，计算出不同畜禽累计排泄氮量，各种动物粪尿产生量和饲养周期推荐值见表3-3，不同动物粪尿中养分含量推荐值见表3-4，不同动物粪便排泄氮量乘以饲养量。其中，生猪、肉牛、肉羊以出栏数计算，奶牛和蛋鸡以存栏数计算，求和就得到该区域畜禽粪肥总的氮养分产生量。

表3-3　畜禽粪便排泄系数推荐表

项目	单位	猪	牛	鸡	鸭
粪	千克/天	2.0	20.0	0.12	0.13
	千克/年	398.0	7300.0	25.20	27.30
尿	千克/天	3.3	10.0	—	—
	千克/年	656.7	3650.0	—	—
饲养周期	天	199	365	210	210

表3-4 畜禽粪便中污染物平均含量

项目	COD	BOD	NH_4^+-N	总磷	总氮
猪粪	52.0	57.03	3.1	3.41	5.88
猪尿	9.0	5.0	1.4	0.52	3.30
牛粪	31.0	24.53	1.7	1.18	4.37
牛尿	6.0	4.0	3.5	0.40	8.00
鸡粪	45.0	47.9	4.78	5.37	9.84
鸭粪	46.3	30.0	0.8	6.20	11.00

④区域粪肥总养分供给量

考虑到畜禽粪污产生后，粪污在收集、贮存和处理过程中部分氨会以氮气等形式损失掉，实际能够供给农田的量需要乘以一定的系数。

⑤单位耕地面积粪肥养分供给量

根据该区域各种畜禽粪肥总养分供给量除以区域总耕地面积，就可以获得单位耕地面积总养分供给量。

⑥粪肥养分土地承载力分析

将区域内粪肥养分最高替代化肥的比例系数乘以单位耕地面积养分需求，就可以计算获得区域单位耕地面积粪肥养分需求。一般情况下有机肥和无机肥施肥比例为4：6，建议粪肥替代化肥的比例为40%，如果当地有更高的替代比例，也可以使用当地推荐的比例。通过比较区域内单位耕地面积粪肥氮养分供给量与粪肥氮养分需求量，如果前者大于后者，表明该区域畜禽养殖超过耕地的承载力，如果前者小于后者，表明该区域畜禽养殖场超负荷。

⑦区域养殖量核减计算

根据粪污土地承载力计算结果判断该地区畜禽粪污养分负荷超载后，计算获得区域需要核减的养殖量，以猪当量计。

（5）粪污全量还田利用优缺点

①主要优点

粪污收集、处理、贮存设施建设成本低，处理利用费用也较低；粪便、粪水和污水全量收集，养分利用率高。

②主要缺点

粪污贮存周期一般要达到半年以上，需要足够的土地建设氧化塘贮存设施；施肥期较集中，需配套专业化的搅拌设备、施肥机械、农田施用管网等；粪污长距离运输费用高，只能在一定范围内施用。

适用范围：适用于猪场水泡粪、水冲粪工艺或奶牛场的自动刮粪回冲工艺，粪污的总固体含量小于15%；需要与粪污养分量相配套的农田。

2. 粪便堆肥利用模式

粪便堆肥还田是最传统、最经济的粪便处理方式，适用于农村、有足够农田消纳养殖场粪便的地区，猪、牛、鸡、羊等养殖场可采取"农作物秸秆—青贮（氨化）—饲养—粪便（堆肥）—农作物"种养结合利用模式，通过种植饲草饲料作物，经过加工给养殖场提供饲草料，再将畜禽产生的粪便经过处理后还田，实现了农业生产的良性循环和农业废弃物的利用，并体现了"秸秆资源化，粪便无害化"的优势。

粪便堆肥〔包括条垛式、槽式、筒仓式、高（低）架发酵床、异位发酵床〕以生猪、肉牛、蛋鸡、肉鸡和羊规模养殖场的固体粪便为主，经好氧堆肥无害化处理后，就地农田利用或生产有机肥。

（1）发酵床概述

发酵床技术是基于控制养殖粪污排放的一种养殖模式，可减少用水量约2/3。有研究人员进行了不同垫料（粉碎玉米秸秆、花生壳、锯末）发酵床养猪效果的研究，结果表明不同垫料的发酵床饲养组较常规水泥地面饲养组明显提高了猪的生长性能及免疫效果，利用玉米秸秆和花生壳做垫料能明显提高猪的增重率和饲料利用率。另有研究表明，发酵床可以分解畜禽养殖产生的粪污，并促进微生物氮和可溶性氮的产生，这些氮在翻拱过程中被食入，可减少饲料中氮的添加，提高猪的增重率和饲料利用率。但在我国南方地区，夏季高温高湿，在应用发酵床技术时存在些问题，如发酵过程中产生的热量导致温度过高，致使生猪生长过程要忍受自然和发酵的酷热；所需垫料消耗比较大，导致养殖成本过高，管理不便且消毒麻烦；消毒产生的有害气体对生猪产生毒害作用影响其生长发育。使用后的垫料采用高温堆肥处理方式，制成有机肥料，实现发酵床垫料的无害化处理和资源化利用。

发酵床是集养猪学、营养学、环境卫生学、生物学、土壤肥料学于一体，遵循低成本、高产出、无污染的原则建立起的一套良性循环的生态养猪体系，是工厂规模化养猪发展到一定阶段而形成的，是养猪业可持续发展的新模式。

（2）优缺点及适用范围

主要优点：发酵温度高，粪便无害化处理较彻底，发酵周期短；堆肥处理提高粪便的附加值。

主要缺点：发酵过程易产生大量的有毒有害气体。

适用范围：适用于只有固体粪便、无污水产生的家禽养殖场或羊场及干清粪工艺的奶牛场和猪场。

3. 粪水肥料化利用模式

粪水肥料化利用模式和粪污全量还田模式均采用氧化塘处理后进行利用（关键技术要点参见粪污全量还田模式），其主要区别在于粪水肥料化利用模式主要利用氧化塘处理养殖粪水。粪水浓度远远低于粪污全量还田模式中的粪污。对于水泡粪清污模式，需要对粪污固液分离后，再进入氧化塘处理。氧化塘关键技术要点参见粪污全量还田模式中的介绍，本节重点介绍固液分离及田间利用。

（1）固液分离

①固液分离的作用

固液分离技术是通过物理或化学手段，将原始的粪污分离成固态和液态两种形态。固液分离的具体作用如下：

A.减少污染，改善环境。固液分离后可以控制臭气的产生，抑制粪便中病原微生物及有机物质的活性，降低对环境的污染。

B.提高效率，便于生产。固液分离后固体粪便可通过堆积发酵工艺生产优质有机肥，进行资源化利用，改良土壤、提高农作物生产性能。粪水可通过自然处理或好氧、厌氧深度处理后作为液体有机肥还田。

C.减少TS含量，防止输送堵塞。便于粪水储存和处理，防止堵塞输送系统。

D.降低COD含量，降低处理成本。在厌氧发酵过程中，COD的降低会减轻处理的负荷，降低生产成本，为厌氧发酵创造有利条件。

②固液分离机种类

A.重力沉淀。将粪便连续排入粪渠，并在粪渠的一端或者两侧设置筛网。液体通过筛网间隙漏出筛分渠，固体则沉淀留在池底。优点是设施不需要设备的介入。缺点是需要定期清理，且前期建造成本比较大，清理复杂，操作困难。下层的筛分效果并不理想，还保持较高的含水率。所以，此种处理方式没有被普遍采用。

B.筛分式分离机。根据畜禽粪便的颗粒尺寸不同来进行固液分离。粪便通过滤网时，大颗粒的畜禽粪便留在滤网表面，液体和小颗粒的畜禽粪便则流过滤网。一般适用于处理固形物含量大于5%的粪污。

斜板筛：

原理：将粪便输送至斜筛顶部，利用重力的作用，液体经过滤网流出，固体则被过滤在筛网外。

优点：结构简单、操作方便、便于维护、节省能耗。

缺点：分离出来的固体容易堵塞筛网，需要经常清洗。

振动筛：

原理：与斜板筛相同，但其装有可高速振动的筛板，在较快的速度下振动，使固液分离后的固体部分迅速被收集。

优点：可以有效防止堵塞筛网。

缺点：能耗较高。

C.离心式分离机

利用高速旋转产生的离心力提高固体悬浮物的沉降速度，从而实现固液分离。一般适用于处理固形物含量5% ~ 8%的粪污。

离心分离筛：

原理：分离筛内部有转筒。转筒高速旋转时，粪污中液体部分通过转筒滤布流出转筒，固体由于离心力的作用被收集。优点是分离效率较高，分离后固形物含水率较低。缺点是设备复杂，运行维护费用较高。

沉降式离心分离机：

原理：利用固液比重差，并依靠离心力的作用，固体在离心力的作用下被沉降，从而实现固液分离。优点是整个进料和分离过程均是连续、封闭、自动完成。缺点是设备昂贵、维修能耗较高。

D.压滤式分离机。粪污通过压滤分离机时，通过重力、挤压、过滤、高压压榨等作用，连续进行脱水，可实现较高的脱水率。应用比较广泛。

带式压滤机：

原理：粪污在水平放置的输送带之上，随着输送带的运动，通过滚筒，液体被挤压流出，固体则随着输送带进入收集区域。优点是结构简单、耗能低、操作方便、可连续作业。缺点是设备费用高，需用水清洗。

螺旋挤压机：

原理：粪污在送料过程中通过螺旋式输送机，液体部分通过滤网流出，固体则留在滤网上，随着螺旋挤压输送到收集区域。螺旋挤压机是集重力、挤压、高压压榨原理于一体的装置，目前比较常用。优点是可实现全封闭连续运行、体积小、能耗低、效率高、维护方便。

（2）粪水的利用

粪水厌氧处理后进行农田施用，已逐渐被全球农业生产所接受。许多研究表明，施用厌氧发酵后的粪水可增加作物产量，厌氧粪水中氨磷养分能够替代化学肥料补充土壤中养分，且在一定程度上提高作物养分利用率，同时，厌氧粪水含有大量有机质，进入土壤后，粪水中活性物质能活化土壤吸附的磷，使土壤被固定的磷具有明显的成效。另外，粪水施用后可增加土壤孔隙度、土壤有机碳含量。

①还田输送

粪水农田施用时，应根据养殖场匹配农田的地形和位置，合理地设置可调配水量的管道、沟渠输送系统或罐车运输系统，确保粪水能达到灌溉农田。

②田间贮存

粪水田间贮存池的布置，应根据农田的实际分布情况，以便于方便施用，确定粪水贮存池的数量和位置，须远离各类功能的地表水体。贮存池的总容积应以匹配农田农作物最长施肥淡季需储存的畜禽粪水总量为依据，最小总容积不得少于畜禽养殖场90天的粪水贮存量。贮存池有效深度应控制在2.0 ~ 2.5米，池底不低于地平面以下0.5米，并设置防护栏和醒目标志。贮存池做防渗处理，粪水田间贮存池需配置固定或流动的粪水还田设备。

③水质控制与施用作物选择

水质标准的控制是实施厌氧粪水施用的关键。控制水质的途径包括以下两方面：

一是厌氧池和贮存池的修建与完善。

二是对粪水的收集设施进行改造，比如要改进渠道汇水结构，一般情况下，粪水收集管道要封闭。

经过试验研究发现，作物对养分的吸收积累随着不同植株的部位而变化，会出现果实、籽粒、叶、茎、根逐渐递增的现象。所以，在选择厌氧粪水施用的作物时，需要对不同部位食用作物实行不同的施用方式。

④农田施用

参照粪污全量还田模式中的农田施用方法施用。

（3）粪水肥料化利用模式优缺点

主要优点：粪水进行氧化塘无害化处理后，为农田提供肥水资源，解决粪水处理压力。

主要缺点：要有一定容积的贮存设施，周边配套一定农田面积；需配套建设粪水输送管网或购置粪水运输车辆。

适用范围：适用于周围配套有一定面积农田的畜禽养殖场，在农田作物灌溉施肥期间进行水肥一体化施用。

4. 粪污能源化利用模式（含沼渣、沼液、沼气）

建设沼气工程，进行厌氧发酵，沼气发电上网或提纯生物天然气，沼渣生产有机肥农田利用，沼液农田利用或深度处理达标排放。

（1）基本原理

生物质能源处理主要是应用沼气工程进行处理，沼气工程技术是以开发利用养殖场粪便和废水为对象，以获取能源和治理环境污染为目的，实现农业生态良性循环的农村能源工程技术。沼气发电不仅解决了养殖废弃物的处理问题，而且产生了大量的热能和电能，符合能源再循环利用的环保理念，具有较好的经济效益。

（2）方法

将粪污投入厌氧反应器，在搅拌装置作用下，粪污经过厌氧发酵，产生的沼气进入发电系统进行发电，沼渣、沼液经平板滤池过滤脱水，分离的沼渣作为有机肥，沼液进入贮存池作为液态有机肥可施用于农田。

产生沼气的条件，首先是保持无氧环境；其次是需要充足的有机物，以保证沼气菌等各种微生物正常生长和大量繁殖；第三是有机物中碳氮比适当，碳氮比一般以25∶1时产气系数较高；第四是沼气菌的活动温度，沼气菌生存温度范围为8 ~ 70℃，以35℃最活跃，此时产气快且量大，发酵期约为1个月；第五是沼气池发酵物pH值保持在6.7 ~ 7.2时产气量最高。畜禽粪污经沼气发酵，其残渣中约95%的寄生虫卵被杀死，钩端螺旋体、大肠杆菌等全部或大部分被杀死，同时，残渣中还保留了大部分养分，可作为肥料或饲料进行利用。

（3）优缺点

主要优点：对养殖场的粪便和粪水集中统一处理，可消除异味、消灭有害病原菌，并能产生沼气等清洁能源，产生的沼液、沼渣可作为优良土壤改良肥料；专业化运行，能源化利用效率高。

主要缺点：一次性投资高，维护需要专业人员和专业技术；能源产品利用难度大；沼液产生量大、集中；容易受环境温度的影响。

适用范围：适用于大型规模养殖场或养殖密集区，具备沼气发电上网或生物天然气进入管网条件，需要地方政府配套政策予以保障。

二、清洁回用

（一）清洁回用概述

1. 概念

清洁回用模式是以综合利用和提高资源化利用率为出发点，通过在养殖场（小区）高度集成节水的粪便收集方式（采用机械干清粪、高压冲洗等严格控制生产用水，减少用水量）、遮雨防渗的粪便输送贮存方式（场内实行雨污分流、粪水密闭防渗输送）、粪便固液分离、液态粪水深度处理后回用（用于场内粪沟或圈栏冲洗等）和固体干粪资源化利用（堆肥、牛床或发酵床垫料、栽培基质、蘑菇种植、蚯蚓和蝇蛆养殖、碳棒燃料等）等处理利用方式，且符合资源化、减量化、无害化原则的粪便资源化利用模式。

2. 工艺流程

清洁回用模式是在严格控制养殖过程用水量前提下，采用节水清粪等方式收集粪便。场内的粪水实行管网输送、雨污分流，经固液分离后，进行厌氧和好氧等过程的深度处理，消毒后回用于场内粪沟或圈栏等冲洗。固体干粪通过堆肥、生产栽培基质、牛床垫料、碳棒燃料、种植蘑菇和养殖蚯蚓、蝇蛆等方式处理利用。

对于猪场来说，猪舍采用节水清粪等方式收集粪便。场内的粪水经过固液分离后，进行厌氧生物处理和膜生物反应器等深度处理，达标后用于场内粪沟或圈栏等冲洗。固体干粪进行资源化利用，例如，生产有机肥、生产栽培基质等。

对于牛场来说，牛舍的粪便和牛卧床垫料经刮粪板收集后进入集粪沟，然后经水冲进入集粪池，池内安装有切割泵和搅拌机，可对所有的粪便持续进行混合、搅拌，混合均匀后的液体粪便再由潜水切割泵提升到固液分离机，分离后的固体干粪含水量低，运输方便，晾晒后可以直接做牛床垫料，经过堆肥处理后作为农田的有机肥料，或用于蘑菇种植、蚯蚓和蝇蛆养殖等。液体部分排放至粪水池，粪水池内的液体可经过冲洗泵回冲粪沟或圈舍，多余的液体可以用来做沼气或经进一步深度处理后达标排放。

（二）具体模式

清洁回用有栽培基质利用模式、粪便垫料利用模式、粪便饲料化利用模式（动物蛋白转化模式）、粪便燃料化利用模式共四种模式。

1. 粪便基质化利用模式

以畜禽粪污、菌渣及农作物秸秆等为原料，进行堆肥发酵，生产基质盘和基质土应用于栽培果菜。

主要优点：畜禽粪污、食用菌废弃菌渣、农作物秸秆三者结合，科学循环利用，实现农业生产链零废弃、零污染的生态循环生产，形成一个有机循环农业综合经济体系，提高资源综合利用率。

主要缺点：生产链较长，精细化技术程度高，要求生产者的整体素质高，培训期实习期较长。

适用范围：该模式既适用于大中型生态农业企业，又适合小型农村家庭生态农场。

2. 粪便垫料化利用模式

基于奶牛粪便纤维素含量高、质地松软的特点，将奶牛粪污固液分离后，固体粪便进行好氧发酵无害化处理后回用作为牛床垫料，污水贮存后作为肥料进行农田利用。

主要优点：牛粪替代沙子和土作为垫料，减少粪污后续处理难度。

主要缺点：作为垫料如无害化处理不彻底，可能存在一定的生物安全风险。

适用范围：适用于规模奶牛场。

3. 粪便饲料化利用模式

畜禽养殖过程中的干清粪粪便用于养殖蚯蚓、蝇蛆及黑水虻等资源昆虫，生产的有机肥用于农业种植，养殖的蚯蚓、蝇蛆及黑水虻等用于制作饲料等。

主要优点：改变了传统利用微生物进行粪便处理的理念，可以实现集约化管理，成本低、资源化效率高，无二次排放及污染，实现生态养殖。

主要缺点：资源昆虫养殖技术要求高，需配备专业技术人员。

适用范围：适用于适度规模的猪场和鸡场。

4. 粪便燃料化利用模式（生物干化、生物质压块燃料）

畜禽粪便经过搅拌后脱水加工，进行挤压造粒，生产生物质燃料棒。

主要优点：畜禽粪便制成生物质环保燃料，作为替代燃煤生产用燃料，成本比燃煤价格低，减少二氧化碳和二氧化硫排放量。

主要缺点：粪便脱水干燥能耗较高。

适用范围：适用于城市和工业燃煤需求量较大的地区。

三、达标排放模式

（一）达标排放模式概述

达标排放模式是在耕地畜禽承载能力有限的区域，大型规模养殖场（小区）采用机械干清粪、干湿分离等节水控污措施，控制粪水产生量和污染物浓度；粪水通过厌氧、好氧生化处理、物化深度处理及氧化塘、人工湿地等自然处理，出水水质达到国家排放标准和总量控制要求；固体粪便通过堆肥发酵等方式生产有机肥或复合肥。

达标排放的概念很宽泛，不同阶段、不同地区、不同企业，对养殖粪水达标排放的理解有所不同，要求不一，如有的地区某些养殖企业的粪水经初步处理后纳入工业污水或城市污水统一集中处理，即为达标。目前，仍有许多省份，特别是水资源比较紧缺的地区，以达到农业灌溉标准作为达标排放。但随着经济社会的不断发展，人们环保意识逐步加强，对环境要求越来越高，在缺少消纳土地的大型规模养殖场和养殖密集区，处理后粪水无法按农业灌溉要求暂贮并定期浇灌，导致粪水直接排入沟河、水道，进一步加剧区域水体富营养化，迫使地方政府和环保部门提高养殖污水排放标准，在新国标出台前有的地方已要求按照污水综合排放标准一级或二级标准执行。

（二）达标排放标准

随着我国经济社会的不断发展，人们对环保意识的增强，该标准已经不能满足农业生产和环境保护的要求，目前正在修订之中。

（三）工艺流程

养殖粪水达标排放处理模式的基本要求，就是通过各种净化方法，使粪水必须达到一定的净化要求才能排放，防止粪水中的污染物引起环境水体污染。粪水中所含的污染物按其存在形态可分为溶解性和不溶解性两大类。溶解性污染物又可分为分子态（离子态）和胶体态。不溶性污染物又可分为漂浮在水中的大颗粒物质、悬浮在水中的容易沉降的物质和悬浮在水中而不容易沉降的物质。不同形态污染物去除难易程度相差较大，所采用的方法与工艺也不相同。而养殖粪水由于饲养方式、清粪工艺不同，采用的方法与工艺更需要进行综合分析与选择，干粪处理技术主要有堆肥发酵，然后制作有机肥或直接还田。粪水主要通过氧化塘法、生物处理技术、厌氧处理技术等，从而实现达标排放。

（四）优缺点

主要优点：粪水深度处理后，实现达标排放；不需要建设大型粪水贮存池，可减少粪污贮存设施的用地。

主要缺点：粪水处理成本高，大多养殖场难承受。

适用范围：适用于养殖场周围没有配套农田的规模化猪场或奶牛场。

第四章　秸秆的综合利用

第一节　秸秆还田技术

一、秸秆还田概述

（一）秸秆还田的意义

在我国的大部分地区，由于没有采取有效的还田措施，致使耕地连年种植不得休闲，土壤有效养分得不到及时补充，有机质含量逐年下降，农业生产始终处于种大于养、产大于投的掠夺式经营状态。由于化肥占用肥总量比例过大，造成土壤板结酸化、地力衰退、农作物营养不良和病害多的严重后果。

我国农民历来就有秸秆还田的传统。宏观秸秆还田可以草养田、以草压草，达到用地养地相结合，培肥地力。微观秸秆还田能提高土壤有机质含量；改善土壤理化状况，增加通透性；保存和固定土壤氮素，避免养分流失，归还氮、磷、钾和各种微量元素；促进土壤微生物活动，加速土地养分循环。

秸秆还田的优势主要如下：

①增加土壤有机质和速效养分含量，培肥地力，缓解氮、磷、钾肥比例失调的矛盾。据测定，小麦、水稻和玉米三种作物秸秆的含氮量分别为0.64%、0.51%和0.61%，含磷量分别为0.29%、0.12%和0.21%，含钾量分别为1.07%、2.7%和2.28%，还田1t秸秆就可增加有机质150kg，每公顷地一年还田鲜玉米秸18.75t，则相当于60t土杂肥的有机质含量，含氮、磷、钾量则相当于281.25kg碳铵、150kg过磷酸钙和104.75kg硫酸钾，并且还可补充其他各种营养元素。

②调节土壤物理性能，改造中低产田。秸秆中含大量的能源物质，还田后生物激增土壤生化活性强度提高，接触酶活性可增加47%。秸秆耕翻入土后，在分解过程中进行腐殖质化释放养分，使一些有机质化合物缩水，土壤有机质含量增加，微生物繁殖增强，生物固氮增加，碱性降低，促进酸碱平衡，养分结构趋于合理。此外，秸秆还田可使土壤容重降低、土质疏松、通气性提高、犁耕比阻减小，土壤结构明显改善。

③形成有机质覆盖，抗旱保墒。秸秆还田可形成地面覆盖，具有抑制土壤水分蒸发、贮存降水和提高地温等诸多优点。据测定，连续6a秸秆直接粉碎还田，土壤的保水、透气和保温能力增强，吸水率提高10倍，地温提高1～2℃。

④降低病虫害的发生率。由于根茬粉碎疏松和搅动表土，能改变土壤的理化性能，破坏玉米螟虫及其他地下害虫的寄生环境，故能大大减轻虫害，一般可使玉米螟虫的危害程度下降50%。

⑤增加作物产量，优化农田生态环境。连续2～3a实施秸秆还田技术，可增加土壤有机质含量，一般能提高作物单产20%～30%。将秸秆还田后，避免了就地焚烧造成的环境污染，保护了生态环境。农田覆盖秸秆后，冬天5cm地温提高0.5～0.7℃，夏天高温季节降低2.5～3.5℃，土壤水分提高3.2%～4.5%，杂草减少40.6%以上。

因此，秸秆还田与土壤肥力、环境保护、农田生态环境平衡等密切联系，已成为持续农业和生态农业的重要内容，具有十分重要的意义。

（二）秸秆还田的常用方法

利用多种形式的秸秆还田，可提高土壤有机质含量，改良土壤质地，增强保水保肥能力，是保持土壤养分平衡、实现可持续农业的重要战略措施。秸秆还田的常用方法如下：

1. 秸秆粉碎、氨化、青贮、微贮后过腹还田

秸秆经粉碎、发酵或者氨化、糖化、碱化及青贮、微贮等各种科学方法处理后可作为生猪、鸡、兔、鸭等家禽饲料原料之一。通过过腹还田，不但可以缓解发展畜牧业饲料粮短缺的矛盾，而且可以增加有机肥源，培肥地力。

2. 牲畜垫圈还田

秸秆收获后用于家畜垫圈，待其基本腐熟后再返还田土中。

3. 秸秆覆盖直接还田

其形式有稻草覆盖还田、麦秆覆盖还田、玉米秆覆盖还田等几种。这样不但可以改善土壤结构、增加土壤有机质和土壤养分含量、减少水分的蒸发和养分的流失、增强抗旱能力，而且可以节约化肥投资、节省稻草运力，是促进增产增收的好举措。如稻田宽行铺草还田不仅可增加土壤的有机肥、草压杂草减少田间水分蒸发，而且由于行距较宽，有利于通风透光，减少病虫害，以发挥优势争取高产。

4. 秸秆综合利用还田

麦秆、稻秆是发展平菇、草菇、金针菇等食用菌的重要材料，利用麦渣发展食用菌后的菌渣又可加工成鱼饲料，促进渔业的发展，达到多层次综合利用。

5. 秸秆快速堆沤还田及速腐技术

秸秆快速堆沤还田不受时间的限制，经腐熟所形成的养分及对地力的影响是其他形式所不能比拟的，可提供大量蔬菜、棉花和春播作物所需的有机肥。秸秆速腐技术是采用堆集发酵和菌种腐化等方法将多余的秸秆快速沤化腐熟还田。速腐技术缩短了腐熟时间，提高了肥效，具有普遍的实用价值。

6. 超高茬"麦套稻"技术实现秸秆还田

超高茬"麦套稻"即在麦子灌浆中后期将处理过的稻种套播在田间，与麦子形成一定的共生期，收麦时留高茬30cm以上自然竖立田间，稻田上水后任其自然覆盖还田，促进水稻生长。这种新的稻种技术摒弃了传统水稻中耕田与育栽移栽这一繁杂的生产作业程序，有利于高产稳产、土地越种越肥。该项技术近年来在江苏、山东、四川等地农村投入实际生产并获得成功。

（三）秸秆还田的发展方向

1. 走秸秆还田机械化道路

走秸秆还田机械化道路是实现秸秆还田的有效方式之一，它的生产效率是人工作业的40 ~ 120倍，能够更好地达到省工、省时、高效、降低作业成本的要求，主要有以下几种发展方向：第一，大、中、小型机械相结合，提高机械还田适应性，使机械还田既适合于平原地区，又适合于丘陵山区；第二，研制高效低耗秸秆还田机械，降低作业成本，使秸秆还田既适用于经济发达地区，又适用于经济基础较差的地区；第三，研制与农艺配套的还田机械，把机械还田、科学施肥和施药相结合，简化工序，加速腐解，达到还田、施肥、灭虫、省工、节本的综合目的；第四，用机械化起培手段代替传统手工作业，针对南方水田麦秸粉碎还田后造成人工插秧棘手棘脚等问题，采用机械插秧和抛秧是良好的解决途径，既解决了机械粉碎还田带来的问题，又可省工、节本。

2. 发展生物工程技术

秸秆的快速腐解是秸秆还田的关键技术。机械粉碎能改变秸秆的物理性状，扩大接触面积，在一定程度上加速腐解，但是秸秆中较高的C/N比仍使秸秆在土壤中分解缓慢。不少研究成果表明：一些生物菌剂（如"301"菌剂、日本的酵素菌等）能够在15 ~ 30d内快速腐解秸秆。可见，生物工程技术具有广阔的发展前景，能够对秸秆还田产生重要作用。发展秸秆还田的生物工程技术主要有以下两个方面：第一，进一步研制高效快速腐解剂，即在现有生物菌剂的基础上，研制能够在更短时间内有效腐解秸秆的新型生物菌剂；第二，研制和开发能够在好氧条件下快速腐解秸秆的微生物或生物化学制剂，克服现有生物菌剂要求高温密闭条件带来的操作不便，达到省工、省时的目的，使农民易于接受。

3. 走农机与农艺结合的道路

农机与农艺相结合是农业机械化的必由之路。研究表明，覆盖栽培、麦秸自然还田等农艺处理措施具有良好的农田生态效益，而秸秆还田机械化能够改变秸秆物理性状，在一定程度上促进秸秆腐解。腐解剂、微生物的作用，使得秸秆腐解进一步加速。可见，因地制宜地把农机与农艺处理措施和生物工程技术有机结合，扬长避短是秸秆还田的又一重要发展方向。走农机、农艺与生物工程技术相结合的道路主要有两方面：第一，农机、生物工程技术与农艺相结合，即在采用农艺措施进行秸秆还田的同时，要研制配套的农业机械、生物制剂（如插秧机、抛秧机、快速腐解剂等）来简化覆盖栽培等农艺措施的工序，加速秸秆腐解；第二，农艺、生物工程技术与农机相结合，即在采用农业机械化秸秆还田的同时，实施配套的农艺栽培措施（如覆盖栽培、抛秧、免耕直播等），用生物化学制剂来加速腐解，克服机械还田只能从物理性状上破坏秸秆结构，而不能从根本上快速腐解秸秆的弱点。

秸秆还田在现代持续农业和生态农业的发展中具有举足轻重的作用。土地作为农业生产的最基本生产资料，其永续利用是一个永恒的话题。秸秆焚烧、土壤肥力逐年下降、农田生态环境破坏以及一系列的社会问题带给人类的将是不堪设想的灾难。人类的生存离不开肥沃的土地，只有用地养地结合，才可能还给人类一个永恒的生存空间。因而，秸秆还田已经迫不及待地提到议事日程上来。它不仅具有重要的现实意义，还具有重要的历史意义，关系着现代农业的未来与发展，具有广阔的发展前景。

二、秸秆还田技术分析

（一）秸秆直接还田

秸秆直接还田是近年来的推广项目，采用秸秆还田机作业机械化程度高，秸秆处理时间短，腐烂时间长，是用机械对秸秆简单处理的方法。

1. 机械直接还田

该技术可分为粉碎还田和整秆还田两大类。

①粉碎还田采用机械一次作业将田间直立或铺放的秸秆直接粉碎还田，使手工还田多项工序一次完成，生产效率可提高40～120倍。秸秆粉碎根茬还田机还能集粉碎与旋耕灭茬为一体，能够加速秸秆在土壤中腐解，从而被土壤吸收，改善土壤的团粒结构和理化性能，增加土壤肥力，促进农作物持续增产增收。采用秸秆还田粉碎机应当注意的是：耕地深度要达到28cm以上，大犁铧前要有小犁铧，以便把秸秆埋深埋严；小麦等玉米后茬作物的底肥适当增施氮肥，以调节C/N比，满足土壤微生物分解秸秆所需；搞好土壤处理，灭除秸秆所带病虫。

②整秆还田整秆还田主要指小麦、水稻和玉米秸秆的整秆还田机械化，可将田间直立的作物秸秆整秆翻埋或平铺为覆盖栽培。

机械还田是一项高效、低耗、省工、省时的有效措施，易于被农民普遍接受和推广。但是秸秆机械还田存在两个方面的弱点：一是耗能大，成本高，难以推广；二是山区、丘陵地区土块面积小，机械使用受限。

2. 覆盖栽培还田

秸秆覆盖栽培中，秸秆腐解后能够增加土壤有机质含量，补充氮、磷、钾和微量元素含量，使土壤理化性能改善，土壤中物质的生物循环加速。而且秸秆覆盖可使土壤饱和导水率提高，土壤蓄水能力增强，能够调控土壤供水，提高水分利用率，促进植株地上部分生长。秸秆是热的不良导体，在覆盖情况下，能够形成低温时的"高温效应"和高温时的"低温效应"两种双重效应，调节土壤温度，有效缓解气温激变对作物的伤害。目前，北方玉米、小麦等的各种覆盖栽培方式已达到一定的技术可行性，在很多地方（如河北、黑龙江、山西等）已被大面积推广应用。此外，顾克礼等研究的超高茬麦秸还田作为秸秆覆盖栽培还田的一种特殊形式是在小麦灌浆中后期，将处理后的稻种直接撒播到麦田，与小麦形成一定的共生期，麦收时留高茬30cm左右自然还田，不育秧、不栽秧、不耕地、不整地，这是一项引进并结合我国国情研究开发的可持续农业新技术，其水稻产量与常规稻产量持平略增，能够省工节本，增加农民收入，可进一步深入研究。

3. 机械旋耕翻埋还田

如玉米青秆木质化程度低，秆壁脆嫩，易折断。玉米收获后，用旋拼式手扶拖拉机横竖两遍旋拼，即可切成20cm左右长的秸秆并旋耕入土。茎秆通气组织发达，遇水易软化，腐解速度快，其养分当季就能利用。按每公顷秸秆还田量30 000kg计算，相当于公顷投入碳铵345kg、过磷酸钙975kg、氯化钾150kg。一般每公顷可增产稻谷1.2 ~ 1.65t。

在直接还田中，应注意的问题如下：

①秸秆覆盖量。一般来说，农作物的秸秆和籽粒比是1：1，秸秆的覆盖量在薄地、氮肥不足的情况下，秸秆还田离播期又较近时，秸秆用量不宜过多；在肥地、氮肥较多、离播期较远的情况下，可加大用量，一般每亩300 ~ 400kg。

②配合施用氮、磷肥料。由于秸秆C/N比较大，微生物在分解秸秆时需要从土壤中吸收一定的氮素营养，如果土壤氮素不足，往往会出现与作物争夺氮素的现象，影响作物正常生长，因此应配合施用适量的氮肥，以100kg秸秆配施氮肥0.6 ~ 0.8kg为宜，对缺磷土壤应配合施用适量的速效磷肥，同时结合浇水，有利于秸秆吸水腐解。

③减少病虫害传播。由于未经高温发酵直接还田的秸秆可能导致病害的蔓延，如小麦白粉病、玉米黑粉病等，因此有病害的秸秆应销毁或经高温腐熟后再施用还田。

（二）秸秆间接还田

间接还田（高温堆肥）是一种传统的积肥方式，它是利用夏秋季高温季节，采用厌氧发酵沤制而成的，其特点是积肥时间长、受环境影响大、劳动强度高、产出量少、成本低廉。

1. 堆沤腐解还田

秸秆堆肥还田是解决我国当前有机肥源短缺的主要途径，也是中低产田改良土壤、提高培肥地力的一项重要措施。它不同于传统堆制沤肥还田，主要是利用快速堆腐剂产生大量纤维素酶，在较短的时间内将各种作物秸秆堆制成有机肥，现阶段的堆沤腐解还田技术大多采用在高温、密闭、嫌气性条件下腐解秸秆，能够减轻田间病、虫、杂草等危害，但在实际操作上给农民带来一定困难，难于推广。

2. 烧灰还田

这种还田方式主要有两种形式：一是作为燃料燃烧，这是国内外农户传统的做法；二是在田间直接焚烧。田间焚烧不但污染空气、浪费能源、影响飞机升降与公路交通，而且会损失大量有机质和氮素，保留在灰烬中的磷、钾也易被淋失，因此是一种不可取的方法。当然，田间焚烧可以在一定程度上减轻病虫害，防止过多的有机残体产生有毒物质与嫌气气体或在嫌气条件下造成氮的大量反硝化损失。但总的说来，田间烧灰还田弊大于利，在秸秆作为燃料之余，应大力提倡作物秸秆田间禁烧。

3. 过腹还田

过腹还田是一种效益很高的秸秆利用方式，在我国有悠久历史。秸秆经过青贮、氨化、微贮处理，饲喂畜禽，通过发展畜牧增值增收，同时达到秸秆过腹还田。实践证明，充分利用秸秆养畜、过腹还田、实行农牧结合，形成节粮型牧业结构，是一条符合我国国情的畜牧业发展道路。每头牛育肥约需秸秆1t，可生产粪肥约10t，牛粪肥田，形成完整的秸秆利用良性循环系统，同时增加农民的收入。秸秆氨化养羊，蔬菜、藤蔓类秸秆直接喂猪，猪粪经发酵后喂鱼或直接还田。

4. 菇渣还田

利用作物秸秆培育食用菌，然后再经菇渣还田，经济效益、社会效益、生态效益三者兼得。在蘑菇栽培中，以111m²计算，培养料需优质麦草900kg、优质稻草900kg；菇棚盖草又需600kg，育菇结束后，约产生菇渣1.66t。

5. 沼渣还田

秸秆发酵后产生的沼渣、沼液是优质的有机肥料，其养分丰富，腐殖酸含量高，肥效缓速兼备，是生产无公害农产品、有机食品的良好选择。一口8～10m³的沼气池年可产沼肥20m³，连年沼渣还田的试验表明：土壤容重下降，孔隙度增加，土壤的理化性状得到改善，保水保肥能力增强；同时，土壤中有机质含量提高0.2%、全氮提高0.02%、全磷提高0.03%、平均提高产量10%～12.8%。

（三）秸秆生化快速腐熟制造优质有机肥

1. 催腐剂堆肥技术

催腐剂就是根据微生物中的钾细菌、氨化细菌、磷细菌、放线菌等有益微生物的营养要求，以有机物（包括作物秸秆、杂草、生活垃圾等）为培养基，选用适合有益微生物营养要求的化学药品配制成定量氮、磷、钾、钙、镁、铁、硫等营养的化学制剂，可有效改善有益微生物的生态环境、加速有机物分解腐烂。该技术在玉米秸、小麦秸秆的堆沤中应用效果很好，目前在我国北方一些省市开始推广。

秸秆催腐方法如下。选择靠水源的场所、地头、路旁平坦地。堆腐1t秸秆需用催腐剂1.2kg，1kg催腐剂需用80kg清水溶解。先将秸秆与水按1∶1.7的比例充分湿透后，用喷雾器将溶解的催腐剂均匀喷洒于秸秆中，然后把喷洒过催腐剂的秸秆垛成宽1.5m、高1m左右的堆垛，用泥密封，防止水分蒸发、养分流失，冬季为了缩短堆腐时间，可在泥上加盖薄膜提温保温（厚约1.5cm）。

使用催腐剂堆腐秸秆能加速有益微生物的繁殖，促进其中粗纤维、粗蛋白的分解，并释放大量热量，使堆温快速提高，平均堆温达54℃。不仅能杀灭秸秆中的致病真菌、虫卵和杂草种子，加速秸秆腐解，提高堆肥质量，使堆肥有机质含量比碳铵堆肥提高54.9%、速效氮提高10.3%、速效磷提高76.9%、速效钾提高68.3%，而且能使堆肥中的氨化细菌比碳铵堆肥增加265倍、钾细菌增加1 231倍、磷细菌增加11.3%、放线菌增加5.2%，成为高效活性生物有机肥。

2. 速腐剂堆肥技术

秸秆速腐剂是在"301"菌剂的基础上发展起来的，由多种高效有益微生物和数十种酶类以及无机添加剂组成的复合菌剂。将速腐剂加入秸秆中，在有水条件下，菌株能大量分泌纤维酶，能在短期内将秸秆粗纤维分解为葡萄糖，因此施入土壤后可迅速培肥土壤，减轻作物病虫害，刺激作物增产，实现用地养地相结合。实际堆腐应用表明，采用速腐剂腐烂秸秆，高效快速，不受季节限制，且堆肥质量好。

秸秆速腐剂一般由两部分构成：一部分是以分解纤维能力很强的腐生真菌等为中心的秸秆腐熟剂，质量为500g，占速腐剂总数的80%。它属于高湿型菌种，在堆沤秸秆时能产生60℃以上的高温，20d左右将各类秸秆堆腐成肥料。另一部分是由固氮、有机、无机磷细菌和钾细菌组成的增肥剂，质量为200g（每种菌均为50g），它要求30～40℃的中温，在翻捣肥堆时加入，旨在提高堆肥肥效。

秸秆速腐方法如下。按秸秆重的2倍加水，使秸秆湿透，含水量约达65%，再按秸秆重的0.1%加速腐剂，另加0.5%～0.8%的尿素调节C/N比，亦可用10%的人畜粪尿代替尿素。堆沤分三层，第一、二层各厚60cm，第三层（顶层）厚30～40cm，速腐剂和尿素用量比自下而上按4∶4∶2分配，均匀撒入各层，将秸秆堆垛宽2m、高1.5m，堆好后用铁锹轻轻拍实，就地取泥封堆并加盖农膜，以保水、保温、保肥，防止雨水冲刷。此法不受季节和地点限制，干草、鲜草均可利用，堆制的成肥有机质可达60%，且含有8.5%～10%的氮、磷、钾及微量元素，主要用作基肥，一般每亩施用250kg。

3. 酵素菌堆肥技术

酵素菌是由能够产生多种酶的好（兼）氧细菌、酵母菌和霉菌组成的有益微生物群体。利用酵素菌产生的水解酶的作用，在短时间内，可以把作物秸秆等有机质材料进行糖化和氨化分解，产生低分子的糖、醇、酸，这些物质是土壤中有益微生物生长繁殖的良好培养基，可以促进堆肥中放线菌的大量繁殖，从而改善土壤的微生态环境，创造农作物生长发育所需要的良好环境。利用酵素菌把大田作物秸秆堆沤成优质有机肥后，可施用于大棚蔬菜、果树等经济价值较高的作物。

堆沤材料有秸秆1t，麸皮120kg，钙镁磷肥20kg，酵素菌扩大菌16kg，红糖2kg，鸡粪400kg。堆沤方法是：先将秸秆在堆肥池外喷水湿透，使含水量达到50%～60%，依次将鸡粪均匀铺撒在秸秆上，麸子和红糖（研细）均匀撒到鸡粪上，钙镁磷肥和扩大酵素菌均匀搅拌在一起，再均匀撒在麸子和红糖上面；然后用叉拌匀后，挑入简易堆肥池里，底宽2m左右、堆高1.8～2m，顶部呈圆拱形，顶端用塑料薄膜覆盖，防止雨水淋入。

4. 由工业废液生产高浓缩秸秆复合肥实例

造纸黑液是造纸工业以稻秸、麦秸等有机粗纤维为原料，用碱法生产纸浆时排出的废液，俗称黑液。一般黑液固形物中，有机物占65%～70%，无机物占30%～35%，木质素占34.6%，挥发酸占13.3%，糖类、醇类等物质占52.7%。无机物主要有二氧化硅、氢氧化钠等。

由于黑液中的强碱可腐蚀破坏秸秆表面的蜡质、解体秸秆组织，使细菌很快可利用残体中的营养物质，迅速繁殖，达到快速腐化的目的。因此可用其催腐秸秆，并通过加入其他添加剂，生产得到高浓缩秸秆复合肥。该项技术的工艺流程是：工业化沤制发酵，铵化处理磷化处理，高温高压处理，最后制成颗粒型复合肥。

与传统的秸秆还田制肥相比，该项技术有以下优点：a.腐熟周期只需5～7d，可工业化大量生产；b.该复合肥施于田间，可避免C/N比较大，生物分解过程中需吸收大量的水分和氮元素，影响后茬作物出苗、易生虫等缺点；c.该肥是微量元素齐全，兼有速效、缓效、间体三种作用的优质肥料，可保证作用整个生长期间养分的充分供给，而不造成过剩吸收；d.既治理了黑液污染，又生产出优质肥料，一举多利，经济效益、社会效益显著。

5. 秸秆生物反应堆还田技术

秸秆生物反应堆技术是指作物秸秆在一定设施条件下，在微生物菌种、催化剂和净化剂等的作用下，定向转化成植物生长所必需的CO_2、抗病孢子、酶、有机和无机养料、热量，从而提高农作物产量和品质的技术方法。秸秆生物反应堆系统主要由秸秆、菌种、辅料、植物疫苗、催化剂、净化剂、水、交换机、微孔输送带等设施组成，目前秸秆生物反应堆多用于日光温室农作物栽培上。

秸秆生物反应堆技术是一项全新概念的农业增产、增质、增效的有机栽培理论和技术，与传统农业技术有着本质的区别，它的研究成功从根本上摆脱了农业生产依赖化肥的局面。该技术以秸秆替代化肥，以植物疫苗替代农药，密切结合农村实际，促进资源循环增值利用和多种生产要素有效转化，使生态改良、环境保护与农作物高产、优质、无公害生产相结合，为农业增效、农民增收、食品安全和农业可持续发展提供了科学技术支持，开辟了新途径。

秸秆生物反应堆基础理论：秸秆生物反应堆用秸秆作原料，通过一系列转化，能综合改变植物生长条件，极大提高产量和品质，其理论依据是植物饥饿理论、叶片主被动吸收理论、秸秆矿质元素可循环重复再利用理论和植物生防疫苗理论。

①植物饥饿理论。农业生产中，作物的产量和品质主要取决于气（CO_2）、水（H_2O）、光这三大要素。由于大气中提供的CO_2远远不能满足植物生长需要，所以CO_2成为植物生长最主要的制约因素。增加CO_2浓度是提高农作物产量和品质的重要途径。要想作物高产优质，必须提供更多的植物"粮食"（CO_2），解决植物CO_2饥饿的问题。总之，一切增产措施归根结底在于提高CO_2。

②叶片主被动吸收理论。植物叶片从空气中吸收CO_2后，利用根系从地下吸收水分，在光的作用下植物将CO_2和水汇集于"叶片工厂"合成有机物，并贮存在各个器官中。白天，叶片具有把不同位置、不同距离的CO_2吸收进植物体内的本能，称为"叶片主动吸收"。若人为将其输送进叶片内或其附近，会使有机物合成速度加快，积累增多，这被称为"叶片被动吸收"。

③秸秆矿质元素可循环重复再利用理论。植物生长除需要大量气、水、光外，还需要通过根系从土壤中吸收N、P、K、Ca、Mg、Fe、S等矿质元素。秸秆（植物体）中积存了大量的矿质元素，经秸秆生物反应堆技术定向转化释放出来后，能被植物重新全部吸收。传统农业生产中，人们习惯把土壤施肥作为农业增产的主要措施，实际上，化肥对农业的增产作用，首先是培养土壤中的微生物（如氮化菌、硝化菌、硫化菌等），再吸收转化微生物代谢释放出的CO_2，最终导致作物增产。因此，采用秸秆生物反应堆可以大大减少化肥施用量。

④植物生防疫苗理论。植物疫苗是秸秆生物反应堆技术体系中的重要组成部分。植物疫苗类似于动物疫苗，通过对植物根系进行接种，疫苗进入植物各个器官，激活植物的免疫功能并产生抗体，实施植物病虫害防疫。植物疫苗具有感染期的升温效应、感染传导的缓慢性、好氧性、恒温恒湿性、侧向传导性等生物特性。

植物疫苗经过全国十几个省、100多个县，在果树、蔬菜、茶叶、豆科植物、烟草等作物上大面积示范应用，生防效果达90%以上，平均用药成本降低85%，平均增产30%以上，是有机食品生产的主要技术保障，有效地解决了当前农业生产中亟待解决的病虫害泛滥、农药用量日增、农产品残留超标等问题，为消费者的食品安全和健康带来希望。

秸秆生物反应堆技术效果如下：

A.增加棚室内CO_2浓度，进而增加产量，提高作物品质。番茄可增产35%，黄瓜可增产42%，其他各种蔬菜也同样可增产14%～45%。该项技术能直接提高CO_2浓度5倍左右，缓解了"植物的CO_2光合饥饿"现象。反应堆产生高浓度的CO_2条件下，作物的根茎比增大，日增长量加快，生育期提前，主茎变粗，节间缩短，叶片面积增大，叶片变厚，叶色加深，开花结果增加，果实明显增大，个体差异缩小，整齐度提高，果皮着色加深，抗病虫害能力增强。

B.协调温室气温、地温比例，早播早收，提前上市。目前，温室内地温和气温不成比例，造成植物的根冠比失调，制约作物产量的提高。秸秆转化成CO_2的过程中会释放出大量的热量，它可以使棚内地温增加4～6℃、气温增加2～3℃，从而有效地缓和了地温与气温不协调的矛盾。不但能提前7～10d播种或定植，还能使蔬果提前10～20d上市，大大提高了保护地栽培的收益。

C.消化秸秆，改良土壤，促进循环农业的发展。由于农药化肥的不合理使用，导致土壤有害物质的积累和土壤理化性质的劣化。秸秆反应堆菌种技术利用微生物发酵秸秆生产生物有机肥料，不但消化了秸秆，还消除了土壤中常年积累的有害物质，改善了土壤理化性质，促进循环农业生产模式的发展。秸秆降解后，还剩下13%～20%的残渣，里面除有机质外还含有大量的矿质元素，不仅能疏松土壤，促进根系生长，还可节省大量的化肥，减少根部病害。

D.生物防治，生产无公害产品。保护地栽培过程中存在的通风不良、湿度过大、温差过大、叶面结露、线虫泛滥等原因导致的病害比较严重，单纯使用化学农药不能从根本上解决问题。秸秆通过微生物（菌种、疫苗）降解产生大量有益微生物。这些有益微生物能有效抵抗、抑制致病菌，从而达到防治病虫害、生产无公害产品的目的，防治病虫害的孢子，它可以有效地减少种植作物的发病率。

秸秆生物反应堆技术有内置式、外置式和内外结合三种类型。外置式秸秆反应堆比较适合春、夏和早秋大棚栽培；内置式秸秆反应堆除用于保护地作物越冬栽培外，还可用于大田、果树等作物栽培。当前，我国大面积马铃薯保护地栽培常采用内置式秸秆生物反应堆。

内置式秸秆生物反应堆是在地上开沟或挖坑，将秸秆菌种、疫苗等按照要求分别埋入每个地沟或地坑中，浇水、打孔，使这些物质发生反应生成CO_2，增加地温、抗病孢子、生物酶、有机和无机养料的技术。该技术是依据植物叶片主动吸收原理研制出来的设施装置。

内置式秸秆生物反应堆根据应用位置和时间的不同可分为行下内置式、行间内置式、追施内置式和树下内置式四种形式。内置式生物反应堆的特点是：用工集中，一次性投入长期使用，地温效应大，土壤通气好，有利于根系生长，CO_2 释放缓慢，不受电力供应的限制，在农村适用范围广。

外置式秸秆生物反应堆是在地底下挖沟或挖坑建设 CO_2 储气池，池上放箅子作为隔离层，按要求加入秸秆、菌种等反应物，喷水，盖膜，抽气加快循环反应。该技术是依据植物叶片被动吸收理论研制出来的设施装置。这种生物反应堆技术操作灵活，可控性强，造气量大，供气浓度高，CO_2 效应突出，见效快，加料方便。不足之处就是必须有电力供应的地方才能利用。

内外结合式秸秆生物反应堆是指在同一块土地上，内置式和外置式同时采用的秸秆生物反应堆技术。该技术兼具内置式和外置式两者优点，使优势互补，克服两者的缺点，若标准化使用可使作物增产一倍以上。该技术比较适用于秸秆资源丰富、有电力供应的地区。

三、与秸秆还田配套的农艺技术和机具

（一）与秸秆还田配套的农艺技术

1. 为秸秆腐解创造条件

秸秆还田时要选木质化较低的、易腐烂的作物秸秆。秸秆还田数量因地区、栽培技术等而异，大型农场通常是全部秸秆还田，联合收割机收获后，秸秆直接切碎抛撒于田间，用秸秆还田机翻埋。秸秆直接还田的时间与种植制度、土壤墒情和茬口等关系密切，力争边收、边碎、边耕翻，尤其是玉米秸秆，以利于保持土壤水分，加速分解。还田秸秆宜切至 5 ~ 10cm 长，并均匀分布。耕埋深度以 15 ~ 20cm 为佳，土壤含水量较少，还田秸秆数量多，以及土壤质地较粗者可深些，以利于吸水分解。

2. 调节土壤水分和 C/N 比、C/P 比

秸秆直接还田能否获得预期当季作物养分供应与长期的改土效果等，需微生物的参与和活动，以保证秸秆的正常矿质化和腐殖化。秸秆在腐解的过程中，需要吸收一定的氮、磷与水分，因此，土壤湿度要求在田间持水量的 60% ~ 80% 为宜，否则在翻埋后应及时灌水。为了防止作物与秸秆争氮，必须配合施用适量氮肥和磷肥。一般每亩应补施 7 ~ 10kg 尿素和 20 ~ 25kg 过磷酸钙，以调节 C/N 比和 C/P 比（注意：含氮量较高的油菜、秸秆，应施用适量石灰，以利微生物的活动）。

3. 加强后续田间管理

秸秆还田整地时进行深埋和镇压，以消除秸秆架空现象。播种后要及时浇水，一方面可进一步消除土壤架空现象；另一方面可以加速秸秆腐解的速度，同时秸秆在腐解过程中产生的有机酸，累积到一定浓度时会危害作物的生长，旱地通气较好，有机酸不易积累，而水田施用过量秸秆时有机酸易积累。因此，水田应控制秸秆用量，酌情使用碱性肥料，并适量地往田中撒草木灰（K_2CO_2）中和及适当提早施用期，以预防有机酸的危害。

4. 因地制宜，采取不同的还田时间和方法

旱地争取边收边耕埋，特别是玉米秸秆，因初收获时秸秆含水量较多，及时耕埋有利于腐解。用玉米秸秆或小麦秸秆作棉田基肥，宜在晚秋耕埋。麦田高留茬在夏休闲地要尽早耕翻入土。肥地、施用化肥多的地块，秸秆可多压或全部翻压。薄地、施用化肥少的地块，秸秆的施用量则不宜过多。

5. 避免有病秸秆还田

由于秸秆未经高温发酵直接还田，可导致病虫害蔓延，如棉花枯萎病、水稻白叶枯病、大小麦的赤霉病、玉米的黑穗病、油菜的菌核病及大豆的中斑病等，都不宜直接还田，应把它制成堆肥或沼气池肥后再施用，或作燃料。

（二）与秸秆还田配套的机具

秸秆还田劳动强度大，为了保证还田质量，应采用机械进行秸秆还田作业。秸秆还田机械有多种形式，不同的秸秆应配套不同的机械。秸秆还田机械主要有秸秆还田旋耕机、甩刀式碎土灭茬机、装有覆土器的铧式犁、深翻犁以及秸秆粉碎抛撒机等多种类型。

1. 秸秆还田旋耕机

秸秆还田旋耕机与一般系列旋耕机结构基本相同。正转用于旋耕，反转用于秸秆还田。秸秆还田旋耕机一般由工作部件、传动部件和辅助部件三部分组成。工作部件由刀管轴、刀片、刀座和轴头等组成。传动部件由万向节、齿轮箱和传动箱等组成。辅助部件由悬挂架、左右主梁、侧板、挡泥导向罩和平土拖板等组成。秸秆还田旋耕机采用反转旋转，即刀轴的旋转方向与作业机行走轮旋转方向相反。工作时旋耕刀从土壤底部开始向土壤表面逆向切土，机组负荷较均匀，牵引负荷稍大，无漏耕现象。作业后地表平整，碎土率高，一次可完成灭茬、秸秆还田、埋青、旋耕碎土、掩埋以及覆盖等作业，作业质量满足农艺要求。秸秆还田旋耕机工作时易拥土，使用时应保证挡土罩与旋耕机的位置正确，利用挡土罩将散土引导向后。

2. 甩刀式碎土灭茬机

甩刀式碎土灭茬机整机结构与水平横轴式旋耕机相似，只是工作部件是甩刀而不是刀齿。甩刀式碎土灭茬机甩刀用活动铰链与转轴联结，甩刀逆滚动方向回转，将茎秆切断

后，拾起后抛，并利用高速旋转时的惯性力来打碎禾茬、硬土块或草皮层。动力通过传动箱由侧面传送到切碎辊，切碎高度由液压机构或限深轮控制。在切碎机机体的前方装有防护挡帘，防止碎秸秆抛向前方。打茬的工作部件主要是甩刀，从甩刀的形式来看，有L型、直刀型、锤爪式等。L型甩刀用于切割粗而脆的玉米秸秆，粉碎时，以切割和打击相结合方式切碎秸秆。直刀型甩刀用于切割细而软、质量轻的小麦、水稻等茎秆，粉碎时，以切割为主，打击为辅。锤爪式甩刀锤爪质量大，传动惯性力大，用于大型机具上。工作部件有长短之分，可根据不同作物选合适的工作部件。秸秆粉碎灭茬机，是秸秆粉碎与灭茬复合作业机具，秸秆粉碎灭茬机采用双轴传动，前轴带动甩刀旋转进行秸秆粉碎，后轴带动灭茬刀旋转，破除土壤中的根茬、浅耕。一次可完成秸秆粉碎、灭茬、旋耕等作业。甩刀式碎土灭茬机工作时，甩刀高速运动，秸秆粉碎效率高，秸秆粉碎率和破茬率均能达到农艺要求，但工作时振动大，噪声大，刀辊易振裂，甩刀碰到硬物易碎，刀辊和甩刀使用寿命短。

3. 装有覆土器的铧式犁、深翻犁

在主犁体上方安装覆茬器，使土垡尚未翻转时，先将土垡表面长有残茬并容易外露的一角切去并使其落入犁沟底部，然后犁体翻转土垡将其掩埋。覆茬器是协助犁体在翻垡时，将地表面的残茬杂草埋入土中，不使外露，使秸秆杂草腐烂还田。高架深耕犁可将秸秆整株深埋还田。

4. 秸秆粉碎抛撒机

秸秆粉碎抛撒机是在联合收割机上安装茎秆切碎装置，实现了秸秆粉碎，抛散作业。秸秆粉碎抛撒机的切碎装置由一组切刀和喂入轮组成，或由旋转滚筒加定刀片组成。工作时，茎秆被强制喂入，靠喂入轮和刀片的转速不同来切碎茎秆；按其特性可分为甩刀式和定直径滚刀式。为了防止茎秆阻塞，可在茎秆切碎装置处，加装茎秆堵塞报警装置，一旦发生堵塞，可随时发现及时排除故障，避免零件损坏。秸秆粉碎机的抛撒装置由排草风扇、扇形导流板及动力传递机构等组成，使秸秆粉碎并均匀抛撒。秸秆粉碎抛撒机一般把茎秆切断成长度小于10cm，其切碎和抛撒性能均达到农艺要求，有利于灭茬器的旋耕作业和秧苗的栽培，并可根据需要，装上或卸下切碎装置。对于割前脱粒的联合收割机，秸秆可以用高架犁直接整株还田，也可以先脱后割，将秸秆粉碎还田。

第二节　秸秆饲料利用技术

一、秸秆饲料技术概述

秸秆的主要成分是粗纤维，一般情况下，粗纤维占秸秆干物质的20% ~ 50%。粗纤维是植物细胞壁的主要成分，包括纤维素、半纤维素、木质素等。自然状态下粗纤维几乎不被动物的消化液所消化，只能在消化道内的微生物群的共同作用下被部分地消化吸收。

未经处理的秸秆消化率和能量利用率较低，主要是因为秸秆中的木质素与糖类结合在一起，使得瘤胃中的微生物和酶很难分解这样的糖类；此外，还由于秸秆中的蛋白质含量低和其他必要营养物质的缺乏，导致秸秆饲料不能被动物高效地吸收利用。提高秸秆饲养价值的实质，就是在以秸秆为日粮基础成分的情况下，尽可能地缩小秸秆饲料化的限制因素，为动物的消化吸收创造适宜的条件，通过添加其他特殊物质（如尿素等非蛋白氮）来提高秸秆饲料的营养价值。

在实践中，秸秆饲料的加工调制方法一般可分为物理处理、化学处理和生物处理三种。这些处理方法各有其优缺点。如膨化、蒸煮、粉碎、制粒等物理处理方法虽操作简单，容易推广，但一般情况不能增加饲料的营养价值。化学处理法可以提高秸秆的采食量和体外消化率，但也容易造成化学物质的过量，且使用范围狭窄、推广费用较高。生物处理法可以提高秸秆的生物学价值，但要求技术较高，处理不好，容易造成腐烂变质。总之，各地应根据当地的实际情况，采取不同的处理措施，加大对秸秆的开发利用。

二、作物秸秆的物理处理

（一）切短、粉碎及软化

切短、粉碎及软化秸秆在我国的农村早已被证明是行之有效的，可提高秸秆的适口性、采食量和利用率。宗贤燏报道，秸秆经切短和粉碎以后，体积变小，便于家畜采食和咀嚼，采食量增加20%～30%。秸秆切短和粉碎，增加了饲料与瘤胃微生物的接触面积，便于瘤胃微生物的降解发酵，使消化吸收的总养分增加，使羊的日增重提高20%左右。但是，这种处理方法不能提高秸秆自身的营养价值。朱德文报道，由于秸秆颗粒减小，提高了秸秆在动物肠胃通道内通过的速度，以致动物肠胃没有足够的时间去吸收秸秆中的养分，造成秸秆中的养分白白流失。因此，要在秸秆制成颗粒的大小与其通过胃肠的速度之间寻求平衡，以使秸秆中的营养物质被动物高效吸收利用。由此看来，秸秆切短的适宜程度应因家畜种类、年龄的不同而有所不同。

（二）粉碎后压块成型

秸秆压块是将秸秆铡切成长为5cm的段，经过烘干，水分在16%左右时进行压块形成圆柱或块状饲料。压块的断面尺寸一般为32mm×32mm，长度可在20～80mm之间不等。压制秸秆块时，可根据牧畜的饲喂要求，按科学配方压制适合不同育龄牧畜的饼块饲料。

秸秆压块技术具有以下优点：

①压制后的块状秸秆饲料的密度比原来增加6～10倍，含水量在14%以下，可贮存6～8个月不变质，便于长途运输、贮存和饲喂，可缓解广大牧区的"白灾"和"黑灾"，实现抗灾保畜的目的。

②秸秆经过高温挤压成型，使秸秆中的纤维素、半纤维素和木质素的镶嵌结构受到一定的破坏，使秸秆中的纤维素、半纤维素的消化率提高25%，使秸秆的饲喂价值明显提高。

③块状秸秆饲料有浓郁的糊香味和轻微甜度感，使牲畜的适口性得到提高，采食量增加。与粉料相比，可提高饲料转化率10%～12%，产奶量提高16.4%，肥牛增肉率为15%，牛奶内脂肪增加0.2%，粗灰分低于9%。

④将农作物秸秆加工成块状饲料，其资源利用率可提高50%，生产成品率可达97%。

⑤卫生条件好。饲料经压制由生变熟，无毒无菌，有利防病，从而提高动物免疫功能。

⑥秸秆加工不与种植作业争农时，可以实现工厂化生产，全年进行加工。因为加工压块饲料合适的水分含量是14%～18%，需经过晾晒搁置一段时间才能加工，不像存贮饲料必须利用秸秆青绿时期进行青贮，时间紧，与农业争机械、争劳力。

秸秆饲料压块机有挤压式环模压块机、平模压块机和压缩式压块机，但这些设备在技术上还存在不足之处。如挤压式压块机散热问题未能有效解决，工作一定时间要停机冷却；环模式压块机内腔饲料易堵塞，需开机清理。这些技术问题不彻底解决，将直接制约秸秆压块饲料的发展。

（三）秸秆挤压膨化技术

1. 秸秆挤压膨化原理及设备

秸秆挤压膨化技术是新兴的饲料加工技术。该技术可将玉米秸、花生秧、稻草、杂草等农作物秸秆变成芳香可口、营养丰富的优质颗粒饲料，直接用于喂猪、鸡、牛羊、鱼等，从而实现低投入、高产出的秸秆养畜和过腹还田。

挤压膨化的原理是将秸秆加水调质后输入专用挤压机的挤压腔，依靠秸秆与挤压腔中螺套壁及螺杆之间相互挤压、摩擦作用，产生热量和压力，当秸秆被挤出喷嘴后，压力骤然下降，从而使秸秆体积膨大的工艺操作。

生产膨化秸秆的主要设备是螺杆式挤压膨化机，主要由进料装置、挤压腔体、检测与控制系统及动力传动装置等部分组成。挤压腔体是膨化机的关键组件，由挤压螺杆、筒体和喷头三部分组成。螺杆的螺距与螺纹深度都是沿轴线变化的，挤压腔容积逐渐变小，以增加压力。挤压膨化机工作时，秸秆在挤压腔内与螺杆、螺套壁及秸秆之间挤压、摩擦、剪切，产生110℃以上的高温高压蒸汽，使秸秆细胞间及细胞壁内各层间的木质素熔化，部分氢键断裂而吸水，木质素、纤维素、半纤维素发生高温水解；秸秆被挤出喷头的喷嘴后突然减压，高速喷射而出，由于喷射方向和速度的改变而产生很大的内摩擦力，加上高温水蒸气突然散发而产生的膨胀力，导致秸秆撕碎乃至细胞游离、细胞壁疏松、表面积增大。这种饲料在牲畜消化道内与消化酶的接触面扩大，从而使牲畜对秸秆的消化率和采食量明显提高。

2. 加工工艺

秸秆挤压膨化加工的工艺流程为：清选→粉碎→调质→挤压膨化→冷却→包装。

①清选。采用手工方法去除秸秆中的砂石、铁屑等杂质，以防止损坏机器和影响膨化质量。

②粉碎。将秸秆喂入筛片孔径为3.0～6.0mm的锤片式粉碎机进行粉碎，以减小秸秆粒度，使调质均匀及提高膨化产量。粉碎时，筛片孔径要稍小些。孔径小，粉碎秸秆粒度细，表面积大，秸秆吸收蒸汽中的水分也快，有利于进行调质，也使膨化产量提高。但粉碎过细，电耗高，粉碎机产量低。实践表明，粉碎粒度控制在3.0～4.0mm为好。

③调质。将粉碎的秸秆放入调质机中调质，根据不同农作物秸秆含水率的大小，合理加水调湿并搅拌均匀，使秸秆有良好的膨化加工性能。调质后的秸秆含水率不要过低也不要过高，含水率过低，秸秆间剪切力和摩擦力大，膨化机挤压腔温升迅速，秸秆易出现炭化现象；水分含量过高，挤压腔温度和压力过小，膨化不连续，影响膨化质量。调质后秸秆的含水率应控制在20%～30%之间，豆类秸秆的含水率应控制在25%～35%之间。

④挤压膨化。将调质好的秸秆由料斗输入膨化机的挤压腔，在螺杆的机械推动和高温、高压的混合作用下，完成挤压膨化加工。加工时，挤压腔的温度应控制在120～140℃之间，挤压腔压力应控制在1.5～2.0MPa之间。

⑤冷却。秸秆膨化后，应置于空气中冷却，然后再装袋包装。如果膨化后立即包装，此时膨化秸秆的温度较高，一般在75～90℃之间，包装袋中间的秸秆热量很难散失，会产生焦烂现象，影响其营养价值及适口性。

3. 产品营养成分分析

挤压膨化加工对秸秆中的粗蛋白和粗脂肪等营养物质的含量基本上没有影响，而动物消化吸收的粗纤维和酸性洗涤纤维的含量（以干基计）有不同程度的下降，容易吸收的无氮浸出物含量却得到提高。

4. 膨化饲料特点

①利于微生物生长，提高消化率。农作物秸秆经挤压膨化处理，由于受热效应和机械效应的双重作用，秸秆被撕成乱麻状，纤维细胞和表面木质得以重新分布，为微生物生长繁殖创造了条件，使牲畜的消化率得以提高。

②适口性好，采食率高。秸秆膨化后，质地疏松、柔软，有炒烟的芳香味，改善了饲料的风味。可部分替代饲料，提高牲畜采食率，降低饲料成本，取得较好的经济效益。

③便于贮存运输。经过挤压膨化处理的秸秆堆放总体积较原体积减少40% ~ 50%，为贮存和运输提供了方便。

（四）热喷处理

1. 热喷处理的原理和优点

秸秆热喷处理就是将铡碎成约8cm长的农作物秸秆，混入饼粕、鸡粪等，装入饲料热喷机内，在一定压力的热饱和蒸汽下保持一定时间，然后突然降压，使物料从机内喷爆而出，从而改变其结构和某些化学成分，并消毒、除臭，使物料可食性和营养价值得以提高的一种热压力加工工艺。热喷饲料的优点如下。

①通过连续的热效应和机械效应，消除了非常规饲料的消化障碍因素，使表面角质层和硅细胞的覆盖基本消除，纤维素结晶降低，有利于微生物的繁殖和发酵。

②由于细胞的游离，饲料颗粒变小，密度增大，总体积变小，而总表面积增加。经热喷处理的秸秆饲料可提高其采食量和利用率，秸秆的离体有机物消化率提高30% ~ 100%，另外湿热喷粗饲料比干热喷粗饲料消化率提高14% ~ 140%。

③通过利用尿素等多种非蛋白氮作为热喷秸秆添加剂，可提高粗蛋白水平，降低氨在瘤胃中的释放速度。

④热喷后的秸秆其全株采食率由50%提高到90%以上，消化率提高50%以上。热喷装置还可以对菜籽饼、棉籽饼等进行脱毒，对鸡、鸭、牛粪等进行去臭、灭菌处理，使之成为蛋白质饲料。

⑤用热喷小麦秸秆饲喂羊羔，与用粉碎的小麦秸比，羔羊增重量提高50%以上；用热喷荆棘饲喂乳牛，每千克可代替1.2 ~ 1.7kg青干草，同时增加产奶量。将混合精料热喷，用来补饲羔羊，与未处理相比，增重提高22%。用28.5%的热喷玉米秸秆饲喂奶牛，不但产奶量不降低，且每年可节约饲草1t，每100kg奶成本降低2.4元。

⑥这种方法既便于工厂机械化规模处理各类秸秆，还能将其他林木副产品及畜禽粪便处理转化为优质饲料，并能通过成型机把处理后的饲料加工成颗粒、小块及砖型等多种成型饲料，既便于运输，饲喂起来也经济卫生。

2. 饲料热喷机

秸秆饲料热喷技术是由特殊的热喷装置完成的。原料经铡草机切碎，进入贮料罐内，经进料漏斗，被分批装入安装在地下的压力罐内，将其密封后通入0.5 ~ 1MPa的低中压蒸汽（由锅炉提供，进气量和罐内压力由进气阀控制），维持一定时间（1 ~ 30min）后，由排料阀减压喷放，秸秆经排料阀进入泄力罐。喷放出的秸秆可直接饲喂牲畜或压制成型贮运。该设备压力罐容积0.9m³，生产率为300～400kg/h，耗煤50kg/h，热喷1t秸秆成本约为20元。

3. 作物秸秆的化学处理

化学处理就是利用化学制剂作用于作物秸秆，破坏秸秆细胞壁中半纤维素与本质素形成的共价键，以利于瘤胃微生物对纤维素与半纤维素的分解，从而达到提高秸秆消化率与提高营养价值的目的。秸秆化学处理效果的好坏、成本的高低和有无环境污染等问题，经历了一个漫长的演变与发展过程，直到目前，人们还在探索一种更为满意的处理方法。

三、作物秸秆的化学处理

（一）碱化处理

碱化处理的原理就是在一定浓度的碱液（通常占秸秆干物质的3%～5%）的作用下，打破粗纤维中纤维素、半纤维素、木质素之间的醚键或酯键，并溶去大部分木质素和硅酸盐，从而提高秸秆饲料的营养价值。

常用的氢氧化钠的碱化处理秸秆有两种方式。

①湿法处理它是提高秸秆和其他粗饲料营养价值的有效方法，但要消耗大量碱（每吨秸秆需8～10kg）和水（3～5L），并且在冲洗过程中损失20%的可溶性营养物质，又分为贝克曼法、轮流喷洒法和浸蘸处理法。

②干法处理该处理法是将20%～40%浓氢氧化钠溶液喷于粉碎或切短的秸秆上（30mL/100g），然后用酸中和。干法又分为工业化处理法和农场处理法两种。

由于碱化法用碱量大，需用大量水冲洗，且易造成环境污染，所以在生产中应用并不广泛。也有研究用酸处理秸秆，如硫酸、盐酸、磷酸、甲酸等，但效果不如碱化，酸处理秸秆的原理与碱化处理基本相同。

（二）氧化剂处理

氧化剂处理是针对植物的木质化纤维素对氧化剂比较敏感而提出的，主要是指二氧化硫（SO_2）、臭氧（O_3）及碱性过氧化氢（AHP）处理秸秆的方法。氧化剂能破坏木质素分子间的共价键，溶解部分半纤维素和木质素，使纤维基质中产生较大空隙，从而增加纤维素酶和细胞壁成分的接触面积，提高饲料消化率。

1. SO_2 处理

用SO_2处理存在许多问题，如秸秆的适口性降低、VB_1遭到破坏，而且会加重家畜酸的负担，使能量代谢受到影响。

2. 臭氧处理

臭氧处理法是将臭氧直接通入存有秸秆的密闭容器中，处理完成后秸秆完全变色，秸秆经过臭氧处理后，其处理效果明显优于用NaOH处理，可显著提高秸秆体外有机物的消化率和快速降解部分难以消化的成分。臭氧增加了原料的酶水解度，提高了可发酵糖的得率。通过对秸秆进行臭氧预处理，测定在室温条件下固定床反应器的运行参数的影响。实验发现，生物原料中的酸不溶性木质素的含量在减少，半纤维素大部分降解，而纤维素的含量基本不变。经臭氧处理后的小麦和黑麦酶水解糖化率分别达到了88.6%和57%，而未处理小麦和黑麦酶水解糖化率仅为29%和16%，表明臭氧化处理有显著效果。

3. AHP 处理

用过氧化氢处理秸秆时，必须在pH值大于11的条件下才能保证木质素的降解。相比而言，碱性过氧化氢（AHP）处理效果更明显。用氧化剂处理秸秆能从本质上破坏木质素与纤维素的结合，明显提高秸秆的消化率。从长远来看，秸秆的处理将来可能会转向氧化剂的处理，但因为成本太高，目前还不能在生产中推广应用。

（三）氨化处理

1. 氨化原理和影响因素

秸秆氨化是指用氨水、液氨、尿素或碳铵等含氨物质，在密闭条件下处理秸秆，以提高秸秆消化率、营养价值和适口性的加工处理方法。氨化秸秆的原理分以下三个方面。

（1）碱化作用

秸秆的主要成分是粗纤维。粗纤维中的纤维素、半纤维素可以被草食牲畜消化利用，木质素则基本不能被家畜利用。秸秆中的纤维素和半纤维素有一部分与不能消化的木质素紧紧地结合在一起，阻碍牲畜消化吸收。碱的作用可使木质素和纤维素之间的酯键断裂，打破木质素和纤维素的镶嵌结构，溶解半纤维素和一部分木质素及硅酸盐，纤维素部分水解和膨胀，反刍家畜瘤胃中的瘤胃液易于渗入，从而提高了秸秆的消化率。

（2）氨化作用

氨吸附在秸秆上，增加了秸秆粗蛋白质含量。氨随秸秆进入反刍家畜的瘤胃，其中微生物利用氨合成微生物蛋白质。尽管瘤胃微生物能利用氨合成蛋白质，但非蛋白氮在瘤胃中分解速度很快，尤其是在饲料可发酵能量不足的情况下，不能充分被微生物利用，多余的则被瘤胃壁吸收，有中毒的危险。通过氨化处理秸秆，可延缓氨的释放速度，促进瘤胃微生物的活动，氨进一步提高秸秆的营养价值和消化率。

（3）中和作用

氨呈碱性，与秸秆中的有机酸化合，中和了秸秆中潜在的酸度，形成适宜瘤胃微生物活动的微碱性环境。由于瘤胃内微生物大量增加，形成了更多的菌体蛋白，加之纤维素、半纤维素分解可产生低级脂肪酸（乙酸、丙酸、丁酸），从而可促进乳脂肪、体脂肪的合成。同时，铵盐还改善了秸秆的适口性，因而提高了家畜对秸秆的采食量和利用率。

秸秆氨化后其质量与氨的用量、环境温度和氨化时间、含水量以及原料的类型和质量等密切相关。

2. 氨化秸秆饲料的优点和限制

从饲喂效果、经济效益、加工成本、制作工艺等方面考虑，氨化秸秆饲料有较好的竞争力。氨化秸秆饲料把属于有机物质的作物秸秆和属于无机物质的氮巧妙地结合在一起，制成一种近乎完美的反刍家畜饲料。这种氨化秸秆饲料不但可开发利用大量的干燥秸秆，而且能以工业化生产的无机氮代替生产周期长、成本高的植物性蛋白质饲料。

氨化秸秆饲料的优点有：a.由于氨具有杀灭腐败细菌的作用，氨化可防止饲料腐败，减少家畜疾病的发生；b.氨化后，秸秆的粗蛋白含量可从3%～4%提高到8%，甚至更高；c.秸秆饲料的适口性大为增加，家畜的采食量可提高20%～40%；d.秸秆饲料的消化率大为提高，因为氨化使纤维素及木质素那种不利于家畜消化的化学结构破坏分解，氨化秸秆比未氨化的消化率提高20%～30%；e.提高了秸秆饲料的能量水平，因为氨化可分解纤维素和木质素，可使它们转变为糖类，糖就是一种能量物质；f.氨化秸秆饲料制作投资少、成本低、操作简便、经济效益高，并能灭菌、防霉、防鼠、延长饲料保存期；g.家畜尿液中含氮量提高，对提高土地肥力还有好处；h.提高了家畜的生产能力，原因是既节约了采食消化时间，从而减少了因此而消耗的能量，又提高了秸秆单位容积的营养含量，从而有利于家畜生产能力的发挥。

但秸秆的氨化处理也存在不少问题：a.氨的利用率低，在氨化过程中，注入的含氨化合物的利用率只有50%，从而造成了资源的浪费；b.会污染环境，在饲喂氨化饲料时，未被利用的氨释放到空气中，会造成一定的污染，同时对家畜和人的健康也有一定的危害；c.处理成本较高，每氨化1 000kg秸秆约需尿素40kg，和其他加工方法相比，投入较高；d.降低了奶的品质，奶牛饲喂氨化饲料，有时会使牛奶带有异味，降低奶的品质；e.可能会引起家畜中毒现象，犊牛、羔羊在大量进食氨化饲料时，由于饲料中余氨尚未散尽，可能会出现中毒事故；f.与NaOH处理相比，达到理想效果处理时间长得多，同时需要密封，增加了成本，且液氨和氨水运输、贮存和使用不便，尿素和碳铵虽然运输使用较为方便，但处理效果不稳定，特别是温度很低时。

3. 秸秆氨化常用氨源及其使用方法

（1）尿素氨化法

秸秆中存有尿素酶，加进尿素，用塑料膜覆盖，尿素在尿素酶的作用下分解出氨，对秸秆进行氨化。方法是按秸秆重的3%～5%加尿素。首先将尿素按1∶（10～20）的比例溶解在水中，均匀地喷洒在秸秆上。即100kg秸秆用3～5kg尿素，加30～60kg水。

逐层添加堆放，最后用塑料薄膜覆盖。用尿素氨化处理秸秆的时间较液氨和氨水处理要求稍长一些。

（2）液氨氨化法——无水氨化法

液氨是最为经济的一种氨源。液氨是制造尿素和碳铵的中间产物，每吨液氨成本只有尿素的30%。但液氨有毒，需高压容器贮运、安全防护及专用施氨设备，一次性投资较高。其操作简便、省时、作业效率高，是将来推广的理想氨源。

其使用方法是：将秸秆打成捆或不打捆，切短或不切短，将其堆垛或放入窖中，压紧，上盖塑料薄膜密封；在堆垛的底部或窖中用特制管子与装有液氨的罐子相连，开启罐上压力表，通入秸秆重的3%液氨进行氨化，即1t秸秆用30kg液氨。氨气扩散相当快，短时间即可遍布全垛或全窖，但氨化速度很慢，处理时间取决于气温，通常夏季约需一周，春秋季2～4周，冬季4～8周，甚至更长。液氨处理过的秸秆，喂前要揭开薄膜1～2d，使残留的氨气挥发。不开垛可长期保存。

液氨处理秸秆应注意秸秆的含水量，一般以25%～35%为宜，液氨必须采用专门的罐、车来运输，液氨输入封盖好的秸秆中要通过特制的管子。一般利用针状管。针状管由直径20～30mm、长3.5m的金属管制成，前端焊有长150mm的锥形帽，从锥形帽的连接处开始，每70～80mm要钻4个直径2～2.5mm的滴孔，管子的另一端内焊上套管，套管上应有螺纹。可以用来连接通向液氨罐的软管。如果一垛秸秆重为8～10t，只要一处向垛内输送液氨即可。垛重20～30t，则可多选1～2处输送。

中国农业大学非常规饲料研究所开发研制的液氨施用设备由氨瓶、高低压管、流量计、氨压力表和氨枪等组成。使用时，将氨瓶卧放，使两阀门连线垂直于地面（上面的阀为气相阀，下面的为液相阀），高压管的一端与下面的阀门相连，另一端与流量计高压端相连；低压管的一端与流量计低压端连接，另一端与氨枪相连。具体操作是，首先检查施氨设备是否连接正确，操作人员佩戴胶皮手套和防毒面具，然后将氨枪插入待氨化秸秆中，缓慢拧开氨瓶下阀门，注入适量的氨。注氨完毕后，先关闭氨瓶阀门，待4～5min后让管和氨枪内的液氨流尽，方可拔出氨枪，最后封闭注氨孔。

（3）碳铵氨化法

碳铵是我国化肥工业的主要产品之一，年产量达800多万吨，由于用作化肥需深施，所以长期处于积压滞销状态。碳铵在常温下分解但又分解不彻底，在自然环境条件下，相同时间内，尿素在脲酶作用下可完全分解，碳铵却仍有颗粒残存，然而其在69℃时则可完全分解。中国农业大学非常规饲料研究所研制的秸秆氨化炉的加热温度可达90℃，因此可使碳铵完全分解，为广泛利用碳铵进行秸秆氨化扫清了障碍。碳铵使用方法与尿素相同。

（4）氨水氨化法

与液氨相比较，氨水不需专用钢罐，可以在塑料和橡皮容器中存放和运输。用氨水处理秸秆时，要根据氨水的浓度，按秸秆干物质重加入3%～5%纯氨。由于氨水中含有水分，在处理半干秸秆时，可以不向秸秆中洒水。在实际操作时可从垛顶部分多处倒入氨水，随后完全封闭垛顶，让氨水逐渐蒸发扩散，充分与秸秆接触使之发生反应。或按比例在堆垛或装窖时，把氨水均匀喷洒在秸秆上，逐层堆放，逐层喷洒，最后将堆好的秸秆用薄膜封闭严实。

值得注意的是：氨水只能用合成氨水，焦化厂生产的氨水因可能含有毒杂质不能应用，含氨量少于17%的氨水也不宜应用。因为在这种情况下，秸秆的水分可能过高，长期贮存比较困难。在处理过程中，人与氨的接触时间长，要注意防毒和腐蚀污染身体等。

4. 常用秸秆氨化操作方法

秸秆氨化需在封闭环境中进行。氨化方法应根据因地制宜、就地取材、经济实用的原则确定。目前，我国采用较多的方法如下：

（1）小型容器法

有窖、池、缸及塑料袋之分。氨化前可用铡草机把秸秆铡碎，也可整株、整捆氨化。若用液氨，先将秸秆加水至含水量30%左右（一般干秸秆含水率约9%），装入容器，留个注氨口，待注入相当于秸秆重3%的液氨后密封。如果用尿素则先将相当于秸秆重5%～6%的尿素溶于水，与秸秆混合均匀，使秸秆含水率达40%，然后装入容器密闭。小型容器法适宜于个体农户的小规模生产。

（2）堆垛法

先在干燥向阳平整地上铺一层聚乙烯塑料薄膜，膜厚度约为0.2mm，长宽依堆大小而定，然后在膜上堆秸秆，膜的周边留出70cm，再在垛上盖塑料薄膜，并将上下膜的边缘包卷起来埋土密封。有时为了防止盖膜被风撕破和牢靠起见，应在垛的下部用绳子交叉捆牢。其他操作程序视使用的氨源不同而不同，与小型容器法一样。例如，氨水处理堆垛秸秆，其方法近似液氨，用泵将氨水注入垛内，或将氨水罐放在垛的顶部，将盖打开，直接倒入注氨口后封垛。

堆垛法是我国目前应用最广泛的一种方法，它的优点是方法简单，成本低。但是堆垛法所需时间长、占地大，限制了它在大中型牛场的应用。为了适应大规模养牛等的需要，使秸秆氨化工厂化，不受季节、地域影响，我国借鉴一些发达国家的经验，兴起氨化炉法。

（3）氨化炉法

氨化炉既可以是砖水泥结构的土建式氨化炉，也可是钢铁结构的氨化炉。土建式氨化炉用砖砌墙，水泥抹面，一侧安有双扇门，门用铁皮包裹，内垫保温材料如石棉。墙厚24cm，顶厚20cm。如果室内尺寸为3.0m×2.3m×2.3m，则一次氨化秸秆量为600kg。在左右侧壁墙的下部各安装4根1.2kW的电热管，合计电功率为9.6kW。后墙中央上下各开有一风口，与墙外的风机和管道连接。加温的同时，开启风机，使室内氨浓度和温度均匀。亦可不用电热器加热，而将氨化炉建造成土烘房的样式，例如两炉一囱回转式烘房。用煤或木柴燃烧加热，在加热室的底部及四周墙壁均有烟道，加热效果很好。

钢铁结构的氨化炉，可以利用淘汰的发酵罐、铁罐或集装箱等。改装时将内壁涂上耐腐蚀涂料，外壁包裹石棉、玻璃纤维以隔热保温。如果利用的是淘汰的集装箱，则在一侧壁的后部装上8根1.5kW的电热管，共计12kW。在对着电热管的后壁开上下两个风口，与壁外的风机和管道相连、在加温过程中开动风机，使氨浓度与温度均匀。集装箱的内部尺寸为6.0m×2.3m×2.3m，一次氨化量为1.2t秸秆。

氨化炉一次性投资较大，但它经久耐用、生产效率高，综合分析是合算的（堆垛法所用的塑料薄膜只能使用两次）。特别是如果增加了氨回收装置，液氨量可以从3%降至1.5%，则能进一步提高经济效益。挪威、澳大利亚等国采用真空氨化处理秸秆收到较好的效果。

（四）复合化学处理

复合化学处理融合了碱化处理对木质素分解效果好和氨化处理增加瘤胃微生物蛋白合成量的优点，克服了碱化处理牲畜粪便中残留碱量高和氨化处理对木质素软化作用差的缺点。一般可使采食利用率提高10%～40%、含氮量提高1～2倍、粗蛋白含量达到7%～15%。复合化学处理剂来源广、价格低、配制方便，并可根据不同作物和各种饲喂对象选择不同的化学处理剂配方。复合化学处理是近期研究的主要秸秆化学处理方法。下面以尿素+氢氧化钙的复合化学处理来简单介绍这一方法的应用前景。

单用氢氧化钙处理，虽生石灰溶于水便可得到氢氧化钙，来源广泛，价格便宜，且钙是家畜的必需矿物质元素，也不会造成环境污染，但因其碱性不如氢氧化钠强，处理需要较长时间，在秸秆水分为40%～45%的情况下，用氢氧化钙处理秸秆容易发霉，而使用尿素+氢氧化钙复合处理秸秆可以获得良好的处理效果。

尿素加氢氧化钙复合化学处理易推广使用。只要将5～7kg生石灰和2～3kg尿素溶于50kg水中，然后喷洒在切碎的100kg秸秆上，混合均匀后密封，夏季20～30d，春秋40～60d，冬季60d以上，即可开封饲喂，此复合处理适宜的秸秆水分为40%，尿素用量不得低于2%，否则秸秆会发霉。

尿素+氢氧化钙的复合化学处理也适于秸秆的工厂化处理。秸秆经粉碎加入复合化学处理沼液并搅拌均匀，进入制投机压成颗粒。一般颗粒出机后密封堆放1～2d就可获得满意的处理效果。经复合处理后，细胞壁含量均有明显下降，体外有机物消化率从39%～45%提高到56%～65%，精蛋白含量也从4%～6%提高到9%～10%，且增加的氮与秸秆的结合更紧密，在瘤胃中降解速度比尿素在瘤胃中的分解速度要缓慢。秸秆经粉碎机和压粒，堆积容重可提高到400kg/m²，不但利于贮存、运输和饲喂，还利于秸秆采食量的提高。

四、作物秸秆的生物处理

（一）青贮技术

1. 青贮的原理和优势

生物处理法中应用最广泛、操作最简单的方法是秸秆青贮法。青贮就是对刚收获的青绿秸秆进行保鲜贮藏加工，通过无杂菌密封贮藏，很好地保持和提高青绿秸秆的营养特色，生产出青绿多汁、质地柔软、适口性好、蛋白质、氨基酸、维生素含量显著增加的青贮饲料，这种饲料对解决家畜越冬期间青饲料不足十分重要，故有"草罐头"的美称。

青贮是利用微生物的乳酸发酵作用，达到长期保存青绿多汁饲料的营养特性的一种方法。其实质是将新鲜植物紧实地堆积在不透气的容器中，通过微生物（主要是乳酸菌）的厌氧发酵，使原料中所含的糖分转化为有机酸——主要是乳酸。当乳酸在青贮原料中积累到一定浓度时，就能抑制其他微生物的活动，并制止原料中养分被微生物分解破坏，从而将原料中的养分很好地保存下来。乳酸发酵过程中产生大量热能，当青贮原料温度上升到50℃时，乳酸菌也就停止了活动，发酵结束。由于青贮原料是在密闭并停止微生物活动的条件下贮存的，因此可以长期保存不变质。

青贮具有充分保留秸秆在青绿时的营养成分以提高其消化率和适口性的特点，是保证常年均衡供应青绿多汁饲料的有效措施，青贮饲料气味酸香，柔软多汁，颜色黄绿，适口性好，是牛羊四季特别是冬春季节的优良饲料。这不仅节约了大批粮食，而且大幅降低了饲养成本。

青贮法技术简单、方便推行。我国有可供青贮的茎叶、鲜料约1×10^9t，是发展养猪和奶牛的主要能量饲料源。但青贮法对纤维素消化率提高甚微，人们试图寻找某些纤维分解菌，以提高青贮饲料的消化率。

2. 青贮添加剂

青贮添加剂的种类很多，在青贮过程中，往往根据作物秸秆本身的特点加以选用。青贮添加剂一般有以下几类：

（1）微生物制剂

最常见的微生物制剂是乳酸菌接种剂，一般作物秸秆所含的乳酸菌数量极为有限，添加乳酸菌能加快作物的乳酸发酵，抑制和杀死其他有害微生物，达到长期酸贮的目的。乳酸菌有同质和异质之分，在青贮中常添加的是同质乳酸菌，如植物乳杆菌、干酪乳杆菌、啤酒片球菌、粪链球菌等，同质乳酸菌发酵产生容易被动物利用的L-乳酸。我国近几年用于秸秆发酵的微生物制剂也有很多，大多是包括乳酸菌在内的复合菌剂，如新疆海星牌秸秆发酵活干菌。

（2）酶制剂

酶制剂是近年来研究较多的一种青（黄）贮添加剂。青贮中添加的酶主要是纤维素酶，其他还有半纤维素酶、β-葡聚糖酶、植酸酶、果胶酶等。从酶作用的角度来讲，酶的反应往往发生在细胞壁表面，不能穿透细胞壁，对细胞壁结构的破坏效用不大。所以，要将酶制剂应用于秸秆的调制上，必须要有相应的预处理过程，这必然会提高处理成本，难以在生产中推广。

（3）抑制不良发酵的添加剂

这类添加剂用得较多的有甲酸、甲醛。甲酸对青贮的不良发酵有抑制作用，其用量在2～5L/t之间。Beck（1968）指出，甲酸对梭菌及肠杆菌有显著的抑制作用。甲醛则对所有的菌都有抑制作用，其添加量一般占到DM的1.5%～3%。添加甲酸、甲醛（或其混合物）的费用较高，在我国目前还难以推广。添加丙酸、己二烯酸、丁酸及甲酸钙等能防止发酵中的霉变。

（4）营养添加物

补充可溶性碳水化合物（WSC）的玉米面、糖蜜、胡萝卜，补充粗蛋白质含量的氨、尿素，补加矿物质的碳酸钙及镁剂等，都属于这一类添加剂。这类添加剂可以改善青（黄）贮的营养价值。

（5）无机盐

青贮饲料中加入石灰石粉，不但可补钙，而且可以缓和饲料的酸度，每吨青贮料中加入石灰石粉4.5～5kg；添加食盐可提高渗透压，丁酸菌对较高的渗透压非常敏感而乳酸菌却较为迟钝，添加4%的食盐，可使乳酸含量增加，乙酸减少，丁酸更少，从而改善青贮的质量和适口性。

3. 青贮技术要点

（1）青贮窖的建设

①青贮秸秆的容器：青贮秸秆容器可采用青贮塔、青贮窖和塑料袋三种形式。青贮塔造价高、难于压实、容积大，新建的牛、羊场一般很少采用，而塑料袋青贮仅适用于养殖少量牲畜的养殖户。现在养殖量大的养殖户基本不采用上述两种形式，而采用青贮窖进行青贮。

②青贮窖的规范建造：青贮窖有地下式、半地下式和地上式三种。地下式适用于水位较低、土质坚硬的地方，后两种适用于水位较高的地方。根据自身的经济条件确定建土窖还是永久性的水泥窖，土窖的壁面必须光滑一致，以利于原料的下沉压紧，避免损坏四周的塑料薄膜和壁面。其具体要求是：窖横切面应为倒楔形，一般为上宽5～7m、下宽

3 ～ 5m、高3.5 ～ 5m，也可根据饲养牲畜的数量及种类确定窖的长度（成年牛的青贮饲料用量为4t/a，羊为0.8 ～ 1t/a；青贮的量为500 ～ 700 kg/m²），窖的四周、角要圆滑无凹凸，其次应设计排水沟，以防止雨水进窖而损害贮料。

（2）原料的收割与切短

根据原料种类的不同，选择适宜的收割时期，可获得较高的产量和最好的营养价值。一般禾本科牧草在孕穗到抽穗期，最好在抽穗前收割；豆科牧草应在孕蕾到始花期收割为宜。过早收割会影响产量，过晚收割会使饲料品质降低。青贮料装窖前应将原料切短，其长度视原料质地的粗细、软硬程度以及所喂家畜而定。玉米等粗硬秸秆的长度不应超过3cm，其他细软的原料可切成7 ～ 12cm。

为保证青贮料的质量，装窖（袋）前要将青料晾干，使水分降到60% ～ 70%为好，超过75%则容易霉。豆科牧草和蛋白质含量较高的原料应与禾本科牧草混合青贮，禾豆比为3：1为宜；糖分含量低的原料应加30%的糖蜜（制糖的副产品）；禾本科牧草单独青贮可加0.3% ～ 0.5%的尿素；原料含水量低、质地粗硬的可按每100kg加0.3 ～ 0.5kg食盐，这些方法都能更有效地保存青料和提高饲料的营养价值。

（3）青贮的操作步骤

配制菌液：视秸秆干湿程度和营养价值，将20g秸秆青贮添加剂置于36℃左右的2kg温水中浸泡10 ～ 15min后制成菌液，然后根据具体情况稀释用量水备用。

①将秸秆按不同原料粉碎，粉碎后分层铺入窖内，一般同种秸秆为一个贮窖，边铺边泼洒菌液并加洁净水调整水分，每20 ～ 25cm一层，边铺边压实，每层间压实后再洒适量菌液，然后进行下一层操作，逐层如此。

②湿度要求控制在55% ～ 60%为宜，各层的用水量应由下至上逐层增加，以确保水分的均匀分布，用无污染的洁净水。

③窖内堆放的秸秆达到高于地面20 ～ 80cm时即可封窖。封窖前后将秸秆踏实，表面再喷洒定量菌液，再用塑料薄膜覆盖，然后覆泥土10 ～ 20cm密闭封贮。

④封窖7 ～ 15d后可开窖取用，取料时应从一端开始垂直取用，取料后应及时用塑料薄膜将料口封严。

（4）后期管理

①贮后管理：当青贮窖顶被封闭后要经常检查窖内原料是否下沉，上部是否空隙塌陷，是否漏气和有裂缝等，如发现需及时填补再压实。

②开窖取料：开窖方法是从窖的一端开始取料，从上至下垂直切取，尽量减少青贮饲料的暴露面和与空气的接触时间。每天取完料后要迅速用塑料薄膜将窖口封好，并避免阳光直射。每次取足一天的喂量，并要在当天喂完，尽量不留残料。

③鉴别青贮饲料的品质：一般一看、二闻、三触摸。一看：青贮后的优质玉米秆、麦

草或稻草呈现黄绿色，如果变成褐色或墨色，则青贮质量较差或变质。二闻：优质的秸秆饲料具有酒香、苹果香、酸香味，并呈弱酸性，若带有腐臭的丁酸味、发霉味，则说明青贮饲料已变质，不能饲喂动物，否则会导致牛、羊中毒或生病。三触摸：青贮优质饲料松散而质地柔软、湿润、易散开，如果手感发黏或粘成团，说明质量不佳；有的虽然松散，但干燥粗硬，也属质量欠佳。

（5）青贮饲料喂养动物的注意事项

青贮秸秆只能用于喂饲牛、羊等反刍动物，不能喂猪、鸡等非反刍家畜。青贮饲料作为基础饲粮时，要防止长期单一饲喂，一般应与青草、青干草或其他草料混合饲喂。青贮秸秆中粗蛋白和维生素含量少，必须补充油饼或豆科饲料。喂养牛、羊的饲料，其结构、营养成分、精粗料的比例要合适，这样才能保证牛、羊对于物质和粗纤维的采食量。一般情况下，奶牛和育肥牛青贮秸秆的比例占饲料干物质的30%～40%即可。

对各类家畜饲喂青贮料的数量和种类应区别对待，要遵循循序渐进、逐步加大饲喂量的原则。如果比例搭配不当或秸秆用量过大，就会造成饲料中粗纤维素过高、能量和干物质不足，反而限制了动物的生长发育，甚至导致动物生病。

（二）微贮技术

1. 秸秆微贮的原理和优势

秸秆微贮是对农作物秸秆机械加工处理后，按比例加入微生物发酵菌剂、辅料及补充水分，并放入密闭设施（如水泥池、土窖等）中，经过一定的发酵过程，使之软化蓬松，转化为质地柔软，湿润膨胀，气味酸香，牛、羊、猪等动物喜食的饲料。该法可利用微生物将秸秆中的纤维素、半纤维素降解并转化为菌体蛋白，具有污染少、效率高、利于工业化生产等特点，从而成为今后秸秆饲料的发展趋势。秸秆微贮饲料的优势如下。

（1）制作成本低

每吨秸秆制成微贮饲料只需用3g秸秆发酵活干菌（价值10余元），而每吨秸秆氨化则需要30～50kg尿素，在同等条件下秸秆微贮饲料对牛、羊的饲喂效果相当于秸秆氨化饲料。

（2）消化率高

秸秆在微贮过程中，由于高效复合菌的作用，木质纤维素类物质大幅度降解，并转化为乳酸和挥发性脂肪酸（VFA），加之所含酶和其他生物活性物质的作用，提高了牛、羊瘤胃微生物区系的纤维素酶和解脂酶活性。麦秸微贮饲料的干物质体内消化率可提高24.14%，粗纤维体内消化率提高43.77%，有机物体内消化率提高29.4%，干物质的代谢能为8.73MJ/kg，消化能为9.84MJ/kg。

（3）适口性好

粗硬秸秆经微贮处理可变软，并且有酸香味，会刺激家畜的食欲，从而提高采食量。

（4）秸秆来源广泛

麦秸、稻秸、干玉米秸、青玉米秸、土豆秧、牧草等，无论是干秸秆还是青秸秆，都可用秸秆发酵活干菌制成优质微贮饲料且无毒无害、安全可靠。

（5）制作不受季节限制

秸秆发酵活干菌发酵处理秸秆的温度为10～40℃，加之无论青的或干的秸秆都能发酵，因此，在我国北方地区除冬季外，春、夏、秋三季都可制作，南方地区全年都可制作。

2. 秸秆微贮技术要点

①复活菌种，"海里"牌秸秆发酵活干菌每袋3g，可处理干秸秆1t或青饲料2t。在处理前先将菌种倒入25kg水中，充分溶解。可在水中加糖2g，溶解后，再加入活干菌，这样可以提高复活率、保证饲料质量。然后在常温下放置1～2h使菌种复活，配制好的菌剂一定当天用完。

②配制菌液，将复活好的菌剂倒入充分溶解的1%食盐水中拌匀。食盐水及菌液量根据秸秆的种类而定，1 000kg稻、麦秸秆加3g活干菌、12kg食盐、1 200L水；1 000kg黄玉米秸加3g活干菌、8kg食盐、800L水；1 000kg青玉米秸加1.5g活干菌，水适量，不加食盐。

③切短秸秆，用于微贮的秸秆一定要铡短，养牛用5～8cm，养羊用3～5cm。这样易于压实和提高微贮窖的利用率及保证贮料的制作质量。

④装填入窖，在窖底铺放20～30cm厚的秸秆，均匀喷洒菌液水，压实，再铺20～30cm秸秆，再喷洒菌液压实，如此反复。分层压实的目的是排出秸秆空隙中的空气，给发酵菌繁殖造成厌氧条件，尤其窖的四周要踩实压紧。在装填时，可根据实际情况加入玉米粉、小麦麸、糖类等，比例为每吨秸秆添加8～10kg，目的是为菌种繁殖提供一定的营养物质，可使微贮饲料的质量得到很好的改善。

⑤水分控制，微贮饲料的含水量是否合适是决定微贮饲料好坏的重要条件之一。因此，在喷洒和压实过程中，要随时检查秸秆的含水量是否合适，各处是否均匀一致，特别是要注意层与层之间水分的衔接，不要出现夹干层。含水量的检查方法是：抓取秸秆，用双手扭拧，若有水往下滴，其含水量为80%以上；若无水滴，松开手后看到手上水分很明显，则含水量约为60%，微贮饲料含水量在60%～70%最为理想。

⑥封窖，在秸秆分层压实直到高出窖口40～50cm，再充分压实后，在最上面均匀洒上食盐粉，用量为250g/m²，其目的是确保微贮饲料上部不发生霉烂变质。盖上塑料薄膜后在上面铺20～30cm秸秆，覆土15～20cm，密封，在周围挖好排水沟，以防雨水渗入。

⑦开窖，开窖时应从窖的一端开始，先去掉上边覆盖的部分土层、草层，然后揭开薄膜，从上至下垂直逐段取用。每次取完后，要用塑料薄膜将窖口封严，尽量避免与空气接触，以防二次发酵和变质。微贮饲料在饲喂前，最好再用高湿度茎秆揉碎机进行揉搓，使其成细碎丝状物，以便进一步提高牲畜的消化率。

使用秸秆微贮饲料时应注意如下事项：

A．在气温较高的季节封窖21d后，较低季节封窖30d后，完成微贮发酵，即可开窖取料饲喂家畜。开窖后首先要进行质量检查，优质的微贮麦（稻）秸和干玉米秸色泽金黄，有醇、果酸香味，手感松散、柔软、湿润。如呈褐色，有腐臭或发霉味，手感发黏，或结块，或干燥粗硬，则质量差，不能饲喂。开窖、取料、再盖窖的操作程序和注意事项与氨化饲料相同，但微贮料不需晾晒，可当天取当天用。

B．在微贮时可加入5%的大麦粉、麦麸、玉米粉，但应像分层入秸秆一样分层撒入，目的是为菌种繁殖提供营养。

C．家畜喂微贮料时，可与其他饲草和精料搭配，要本着循序渐进、逐步增加喂量的原则饲喂。由于在制作时加入食盐，这部分食盐应在饲喂牲畜的日粮中扣除。

3. 用微贮技术制备秸秆菌体蛋白生物饲料

目前秸秆饲料多用来饲喂草食家畜，在非草食家畜、家禽上应用较少。将处理过的秸秆饲料再进行处理，如粉碎、提取蛋白质等方法，用来饲喂非草食动物亦应有广阔的前景。秸秆菌体蛋白生物饲料就是以农作物秸秆、杂草、树叶等为主要原料，将秸秆粉置于人工造就的特定的生态环境中，经过制作剂（又叫催化精）——秸秆生化饲料发酵剂的生物化学作用，促使微生物的大量繁殖和活动，合成游离氨基酸和菌体蛋白，从而使秸秆转化为富含粗蛋白、脂肪、氨基酸及多种维生素的高效能秸秆饲料。这是近几年发展起来的一项新技术，它不仅成本低（仅是传统饲料成本的50%）、适应范围广（可广泛用于喂猪、鸡、鸭、鹅、鱼和奶牛等），而且营养价值高，是发展畜牧业，促进农民增收的最佳方法之一。

秸秆菌体蛋白生物饲料的制作步骤如下：

①原料处理，利用秸秆作原料，生产菌体蛋白饲料，要进行粉碎处理。粉碎时要根据饲养的畜禽种类灵活掌握。如用菌体蛋白饲料养殖猪、禽、兔时，秸秆粉碎得越细越好。选用400型或500型粉碎机，筛孔以0.5～1mm为宜，每小时可粉碎150～250kg秸秆，粉碎的秸秆应成细末状，无杂质。用菌体蛋白饲料喂牛、羊时，秸秆粉碎可粗些，粉碎机筛孔以20～25mm为宜，每小时可粉碎秸秆400～500kg，也可用铡刀把秸秆铡成1～2.5cm长。

②原料配方，秸秆粉（杂草粉、树叶粉）50kg，生化饲料发酵剂500g，水125kg。

③制作方法，生产前要把所需用的原料、缸、塑料袋、水泥地、温度计等准备齐全，

先把秸秆粉碎，倒在水泥地面上摊铺开，然后将发酵剂溶解在水中，混匀后泼洒到原料上，充分搅拌，使料、水、制作剂混合一致，最后装入容器中进行培养，培养方法如下。

A.塑料袋培养法：用塑料袋培养时，应选用厚度6～8丝的聚乙烯或聚丙烯塑料膜袋，以周长为2m、高1.8m为宜，把袋底用电熨斗黏合封严。一般每袋可装干料30kg。把拌好的料装袋，边装边轻轻压实，使料上下松紧一致。

B.缸培养法：用缸培养时，以大缸为宜，摆放在空房里，把拌好的料装缸，边装边轻轻压实，直到装满为止，使上下松紧一致。

C.水泥池培养法：水泥池的建造，池长2～3m、宽1～1.5m、高1～1.2m，池壁要光滑平整。把拌好的料装池至满，操作同上。

D.水泥地面培养法：把拌好的料堆成圆形或长方形的堆，每平方米堆放75kg为宜。

将以上装、堆好的料进行密封厌氧发酵，注意一定不要漏气。放置7（夏）～15（冬）d后，打开薄膜观察，当发现料变成金黄色，软、熟，嗅之有浓郁的苹果香味时，即告成功，可取料饲喂。每次取料后要立即封严，密封好的饲料可长期保存不变质。如将发酵好的秸秆生物饲料选择晴天晒干，则更好保存。

第三节　秸秆能源技术

一、秸秆直接燃烧供热技术

秸秆直接燃烧作为传统的能量转换方式，成本低、易推广。秸秆的主要成分是碳水化合物，如果燃烧充分，还可作为一种清洁和可再生的能源。资料表明，粮食作物秸秆与其能值比，所差无几。

秸秆直接燃烧供热技术可以在秸秆主产区为中小型乡镇企业、乡镇政府机关、中小学校和相对比较集中的乡镇居民提供生产、生活热水和冬季采暖之用。应用此项技术不仅可以有效地消耗农村大量的剩余秸秆，而且可以将废弃秸秆转化成商品燃料，成为农民新的经济来源。

二、秸秆气化集中供气技术

（一）秸秆气化技术的原理和内容

秸秆生物质气化技术是生物能高品位利用的一种主要转换技术，它是通过气化装置将秸秆、杂草及林木加工剩余物在缺氧状态下加热反应转换成燃气的过程。秸秆经适当粉碎后，由螺旋式给料机（也可人工加料）从顶部送入固定床下吸式气化反应器，经不完全燃烧产生的粗煤气（发生炉煤气）通过净化器内的两级除尘器去尘，一级管式冷却器降湿、除焦油，再经箱式过滤器进一步除焦油、除尘，由罗茨风机加压送至湿式贮气柜，然后直接用管道供用户使用。

秸秆气化机组是把生物质原料转换成气体燃料的设备，由加料器、气化炉、燃气净化器和燃气输送机组成。干燥的秸秆铡制成15～20mm的长度，进入气化炉，经过热解、氧化和还原反应，转换成为可燃气体。产生的燃气在净化器中除去灰尘和焦油等杂质，由燃气输送机送入输配系统。

燃气输配系统的功能是将燃气分配到系统内的每个农户，并且保证稳定的燃气压力。由贮气柜、附属设备和地下燃气管网组成。贮气柜是平衡燃气负荷变化和保证系统压力稳定的重要设备，也是占用投资最高的设备。它通过钟罩的浮起和落下来贮存或放出燃气，适应用户用气量的变化，也在夜间和白天炊事间歇时间供应零散用气。因此，气化机组虽是间歇运行的，但整个系统可不停顿地向用户供应燃气。气柜的压力由钟罩和配重的重量决定，调试完成后不再变化。压力一般为3 000～4 000Pa，可满足小于1km距离的输送要求。

燃气管网是将燃气供应给用户的运输工具。整个管网中由干管、支管、用户引入管、室内管道等组成。干、支管采用浅层直埋的方式敷设在地下，应使用符合国家燃气用埋地聚乙烯塑料管道和管件。

用户燃气系统包括煤气表、滤清器、阀门、专用燃气灶具等设备。滤清器中装入活性炭，过滤燃气中残余杂质。燃气灶具必须采用专门为低值燃气设计的灶具。

（二）秸秆气化技术的优势和限制

1. 变废为宝

秸秆气化所需的原料在广大农村中较为丰富，在产棉区和玉米产区，还有竹木加工厂和粮油加工厂附近，秸秆、木屑、竹木边角料、谷壳等废弃物堆积如山，不仅占用大量场地，也严重污染着周边环境。利用秸秆气化技术，不光消化了大量的废弃物，还能制成方便、卫生的煤气，废渣又可烧成草木灰当作钾肥还田，一举多得。

2. 经济可行

秸秆气化成本主要由供气规模、社会经济发展程度、农村生活习惯等决定。

3. 优势明显

使用秸秆制气和其他能源比较，成本低廉，省时省力，方便快捷，干净卫生，不受自然条件影响。推广秸秆制气，不仅有助于改变农村焚烧秸秆的旧习，有利于减少大气污染，同时还可以大幅减少农村生活用柴草消耗量，有利于农村保护植被。

（三）秸秆气化集中供气系统操作过程中的安全隐患及保障措施

1. 安全隐患

目前，用于秸秆气化供气有两条工艺路线：一是间接加热的干馏气化路线；二是空气氧化气化路线。这两条路线都存在不安全因素，主要有以下几个方面：

①开工前设备及管道内的气体置换不彻底。开工前，需要把设备及管网内的空气置换成燃气。最安全的办法是先用氮气置换空气，再用燃气置换氮气。目前，农村无氮源，只能用燃气置换空气。气体置换中存在两个隐患：一是用燃气置换空气过程中，存在引起气体爆炸的临界浓度阶段，这时遇火种，就会引起爆炸；二是置换不彻底，设备及管网中残存氧气，容易产生爆炸。

②燃气排送机——罗茨风机失控。罗茨风机为定容式设备，排送量只能用打回路调节排送气量，回路量的大小要根据入口压力随时进行人工调节。如果操作员疏忽，入口负压较大，空气就会进入气柜中，时间长了会造成气柜整体爆炸。

氧化法工艺的气化系统，气化炉内处在负压工作状态，如果床层不均，反应情况不好，有可能产生"穿透"现象，会将大量空气引入气柜。

③设备泄漏、破损。造成设备漏气的原因较多，如加工制作质量不高、选材不当、防腐防护措施不当等。这里特别强调的是，地上燃气设备不得用塑料树脂，以防外来火源烧漏设备而引起"火上浇油"。

④热备开炉时爆炸。采取做饭时间开炉供气，其他时间处于热备停炉的系统，由于热备过程中炉膛内温度很高（600～1 000℃），虽然风机停止引入空气和排气，但炉膛内仍有干馏热解反应在进行（300℃以上就可以发生热解反应）。这时，炉膛中存在大量干馏燃气，其热值较高，H_2、CH_4 含量较高，一旦开炉，启动风机吸入空气的一瞬间，容易产生炉膛爆炸。

⑤开炉时，示火孔引起的爆炸。秸秆供气系统常在排送机出口处设一个长明点火孔，只要是长明火不灭，就说明燃气合格，可以向气柜中排送。当示火孔火焰熄灭时，开炉时需重新点燃。刚开炉时，炉内氧化反应没有进入正常状态，产生的不合格气体应排放掉，不能进入气柜。通过示火孔测得燃气合格时，才能向气柜中送气。什么时候点燃示火孔，是一个较关键的技术问题。因为气体从不可燃到可燃之间有一段是可爆阶段，处在这一阶段，一点燃示火孔就必然引起爆炸。

⑥燃气使用中的中毒和爆炸。燃气泄漏到空气内，就会使人中毒或引起爆炸。氧化气由于热值低，在室温较低时，容易"自行"熄火而造成燃气泄漏。另外，间歇供气方式存在着无气时打开阀门又忘记关，而在供气时造成燃气泄漏的问题。

氧化气热值低，每次用气量大，如果厨房空间小，通风不好，废气也会引起中毒。

⑦检修燃气设备时引起残存气爆炸。检修燃气设备时，可能由于没把燃气赶尽，而在动火时引起爆炸。

⑧电器打火引起燃气爆炸。燃气生产车间中，不可避免地要有一定燃气泄漏，如果车间未选用防爆型电器，其产生的火花容易引起爆炸。

⑨供气管网被损引起的中毒、着火。通到用户的供气管网，线路长，范围大，一旦损坏，燃气泄漏很难及时被发现，会引起中毒事件或火灾。

⑩生产中的突发事故引起煤气中毒或爆炸。生产过程中发生的设备事故、操作事故、机械事故、天然事故等，都能伴随着燃气泄漏引起中毒或着火、爆炸。

2. 安全保障措施

任何安全隐患都可以采取科学的手段加以消除，根据多年的实践经验，归纳出以下几点秸秆气化供气的安全保障措施。

①开工前，所有要与燃气相通的设备、管路都必须进行严格的气体置换。置换是否合格要通过气体成分分析，燃气置换空气（或空气置换燃气）过程中，周围不得有明火。除了进行气体成分分析外，还要做爆鸣试验（用球内服皮囊取气，移于别处点燃，看是否会爆炸）。

②燃气排送机运转时，一定要有专人看管，并配有压力、流量指示仪表，最好配有自动报警装置。

③燃气设备必须按国家有关标准进行设计、制作、安装、防腐。其执行者必须具有相应资质。

④热备开炉，不但要按操作规程进行，而且要具备燃气成分分析仪器和温度、压力指示仪表。向气柜送气前要做爆鸣试验。

⑤开炉后，示火孔点燃之前要做爆鸣试验。

⑥家庭使用燃气的地方要保证通风良好，使用燃气过程中，灶前必须有人；连接灶具的软管长度不能超过2m。气柜要达到一定容量，在停炉时气柜中气量可满足随机用户使用。

⑦检修燃气设备时，一定要用空气将设备内燃气彻底吹扫干净。大型设备动火前，要取气样做爆鸣试验。

⑧燃气生产设备的电机、电开关以及车间中的电器，必须采用防爆型的。

⑨供气管网要埋于防冻层以下，必须采用符合国家有关标准规定的材质和施工方法；在管路通过的地方，要埋警示桩；地埋同时要埋入警示带。

⑩燃气生产要有严格的管理制度，要有岗位责任制度，要配置分析仪；生产现场必须有配套的消防设备，如消防水池、消火栓、消防器械等。生产现场的可燃物料、气柜、生产车间等，必须保证安全距离。设备安装要有良好的接地和防雷装置，同时，要留有足够

的安全通道。生产操作人员上岗前必须进行安全培训、安全考试，具有上岗资格者才能上岗操作。

三、秸秆压块成型炭化技术

（一）成型"秸秆炭"

秸秆的基本组织是纤维素、半纤维素和木质素，它们通常在200～300℃下软化，将其粉碎后，添加适量的黏结剂和水混合，施加一定的压力使其固化成型，即得到棒状或颗粒状"秸秆炭"，它具有一定的机械强度，容重为1.2～1.4g/cm³，热值为14～18MJ/kg，具有近似于中质烟煤的燃烧性能，而含硫量低、灰分小。它独特的优点是：a.体积小，贮运方便；b.品位较高，利用率可提高到40%左右；c.使用方便，用纸即可点燃，加引燃剂后，可用火柴点燃；d.干净卫生，燃烧时无有害气体，不污染环境；e.工艺简单，可根据要求加工成不同形状、规格和档次的燃料，可进行商品化生产和销售；f.秸秆炭除直接用于民用和烧锅炉外，还能用于热解气化产煤气。

（二）秸秆"生物煤"

炭化技术就是利用炭化炉将秸秆压块进一步加工处理成为蜂窝煤状、棒状、颗粒状等多种形状的固体成型燃料，这种燃料具有易着火、干净卫生、使用方便、燃烧效率高的特点，而且造成的环境污染较小，因此被称为生物煤。生产1t生物煤成本约70元，在非产煤区比煤炭更便宜，因此值得大力推广。

由于生态环境保护的要求，制取木炭不能再依靠大量砍伐木材，因此，由各种生物质废弃物制取压块炭化燃料已成为发展趋势。目前，欧美、日韩等地区和国家都希望在我国寻求合作伙伴，发展炭化成型燃料的生产。国内对生物质压块成型燃料的需求也有较大的潜在市场。经过我国科研单位和生产厂家的不断努力，已经研制出了连续运行时数超过1 000h的秸秆压块成型及炭化设备。

（三）秸秆成型燃料利用途径

1. 农村生活用能

在一般省柴灶中直接改烧成型燃料可节省1/2秸秆用量，不过要对原来散烧秸秆的炉灶稍加改造，安装炉箅，降低着火亮度。使用成型燃料做饭，每餐添加3～4次，用1kg可燃烧40～50min，十分方便，一个人即能操作。成型燃料体积只有秸秆的1/5，便于贮存，阴天下雨不用为秸秆潮湿发愁。在专用炉具上燃烧热效率可达50%以上，安徽阜阳研制的炉具采用上点火方式燃用成型燃料，可完全无烟，火焰类似煤气的蓝色火焰，0.65kg

成型块可燃1h以上，可用于炊事，也可用于取暖，缺点是点火不太方便。

2. 工业用途

工业上大量使用的化铁炉、锅炉，生火时需耗用大量劈柴点火，劈柴售价比煤还高。成型燃料可代替劈柴作引火柴，节省森林资源。这也是商品化生产成型燃料的一个应用途径。中国农机院研制的生物质气化炉可将废弃的生物质转化成高品位的气体燃料，可用作为乡镇企业的热能设备，但如果生物质材料外形尺寸太小，如用锯末、稻糠作燃料时，容易产生"架桥""穿孔"，给操作带来不便，使气化效率下降。若配用秸秆成型燃料，则可提高气化效率，使气化炉使用范围扩大。

3. 生产成型炭

成型燃料经450℃干馏炭化，3kg左右可生产1kg成型炭，其硬度、密度均比用木材烧制的木炭高，可替代冶炼有色金属及合金工业中所需的木炭，用于取暖、烧火锅更是理想的燃料。其生产成本比木炭低。我国传统的烧制木炭方法主要用硬质木材，约10kg木材才能烧制1kg木炭，售价高且对森林生态破坏严重，但工业上的一些特殊要求又离不了木炭，用成型炭代替木炭的社会效益将十分显著。

4. 生产活性炭

活性炭广泛用于制糖、制药化工行业，环境保护水质处理也需要活性炭。随着环境保护法的进一步实施，净化废水、废气所需活性炭的用量会越来越大，利用秸秆可生产大量廉价的活性炭，少耗用或不耗用森林资源。

四、秸秆发电技术

（一）秸秆直接燃烧发电

秸秆直接燃烧发电技术是把秸秆原料送入特定蒸汽锅炉产生蒸汽驱动蒸汽轮机从而带动发电机发电的技术。秸秆直燃发电和燃煤发电并没有本质上的区别，只是在原料的理化性质方面，与煤相比，一般的秸秆原料具有"两小两多"的特点，即热值小、密度小，钾含量多、挥发分多。所以，燃秸秆锅炉的燃烧室、受热部件、供风系统，特别是进料系统在结构上都要与秸秆的这些特性相适应。

（二）秸秆与煤混合燃烧发电

虽然秸秆原料与煤在物理化学性质上有很大的不同，但在现役的燃煤锅炉中掺烧15%（热量比）以下的秸秆对锅炉稳定运行影响不大，在技术上是可行的。秸秆和煤的混合燃料进行发电，秸秆混合燃烧方式主要有直接混合燃烧、间接混合燃烧和并联混合燃烧三种方式。直接混合燃烧是指在秸秆预处理阶段，将粉碎处理好的秸秆与煤粉在进料的上游充分混合后，输入锅炉燃烧。间接混合燃烧是指先对秸秆进行气化，然后将秸秆燃气输送至锅炉燃烧。并联混合燃烧指秸秆在独立的锅炉中燃烧，将产生的蒸汽与传统燃煤锅炉产生的蒸汽一并供给汽轮机发电机组做功。

秸秆原料混烧的热量比例＜2%时，无需对电厂原燃煤系统进行任何改造，电厂运行的安全性和经济性也不受影响；比例在5%～10%之间时，混烧技术的优势可以充分发挥出来，所引起的设备投资和运行费用的增加也可以从混燃的收益中得到补偿。目前，国外的工程应用大多在此范围内；15%是目前生物质原料混烧热量比例的上限值，大于15%时，电厂的经济性和安全性将受到影响。

（三）秸秆气化发电

秸秆气化的基本原理是在不完全燃烧条件下，将秸秆中较高分子量的烃类化合物裂解，变成较低分子量的CO、H_2、CH_4等可燃气体，然后将转化后的可燃气体由风机抽出，经冷却除尘、去焦油和杂质后，供给内燃机或者小型燃气轮机，带动发电机发电。目前，秸秆气化发电主要用于较小规模的发电项目。该气体用于发电的方式主要有三种：a.将可燃气作为内燃机燃料，用内燃机带动发电机发电；b.将可燃气作为燃气轮机的燃料，用燃气轮机带动发电机发电；c.用燃气轮机和蒸汽轮机两级发电，即利用燃气轮机排出的高温废气把水加热成蒸汽，再推动蒸汽轮机带动发电机发电。我国目前主要是采用第一种方式。目前，国内秸秆发电工程中秸秆气化炉主要有固定床气化炉和流化床气化炉两种形式。秸秆气化发电工艺流程复杂，难以实现大型化，主要用于较小规模的发电项目。

在传统的固定床气化技术中，原料的干燥、热解、氧化、还原等过程都在气化炉中完成，产生的可燃气体中焦油含量高，应用极为不便。山东省科学院能源研究所开发了两步法固定床气化技术，原料首先在裂解器中经过干燥和热解，再进入气化炉中完成氧化和还原，解决了以往技术中的焦油难题，较好地满足了内燃机的工作要求，形成了两步法生物质固定床气化发电技术。

其主要特点为：a.燃气清洁、焦油含量低，经过简单过滤和净化后，燃气中总杂质含量＜20（标）mg/m^3，能够满足气体内燃机工作的要求；b.无二次污染，以前的固定床气化技术中，燃气中焦油一般通过水洗去除，焦油废水带来的二次污染问题无法解决；而在两步法气化工艺中燃气经过旋风分离器、织物过滤器除尘后进入水冷器间接换热，整个净化冷却过程都不和水直接接触，所以不存在二次污染问题；c.系统总效率高，气体内燃机的高温排气为秸秆原料裂解提供热源，充分利用了排气余热，使系统总效率得到提高。

农业生态环境保护技术探析

第四节　秸秆的工业应用

一、秸秆生产可降解的包装材料

（一）秸秆一次性餐具

秸秆一次性餐具具有保护环境、利用可再生资源的巨大可持续发展潜力。可制作秸秆一次性餐具的主要原料有麦秸、稻草、稻壳、玉米秸秆、苇秆、棉花秆、锯末、甘蔗渣等天然再生性植物纤维，添加成分有淀粉、成型剂、填料等。

秸秆一次性餐具产品形式有一次性方便碗、餐盒、碟以及各种形状的托盘，它们可在 −16 ～ 100℃条件下使用，其生产线可采用国内现有设备装配，具有投资少、能耗低、效率高、运行可靠、占地面积小等优点；同时，其制造成本低于纸制餐具，制造过程无"三废"排放，在这种餐具使用完毕后，还可二次利用。回收后可直接当作猪、牛、羊、鸡、鸭、鱼的饲料，也可堆埋在地里迅速降解。完全达到了无垃圾、无污染、源于自然、产于自然、回归自然的目的。这对消除"白色污染"，改善环境具有独特的功效。

利用植物秸秆为原料的快餐具，从目前研制情况来看可分为三种形式。第一种是在国内外获专利权的"CL无污发泡材料"，这种材料的主体原料为植物纤维，加入适量胶体材料和与之适应的发泡剂，经过发泡和熟化后制成制品。第二种是"植物纤维快餐具"。这两种均是以植物纤维为主体材料的快餐具，其原料加工时都是利用湿法将植物秸秆磨碎提取纤维，将其植物粉用水漂走，因此这两种形式对资源利用率低，且所利用的胶体材料和助剂都是合成化工原料。据了解，其工艺和专用设备正在完善中，经济批量还没有形成。第三种是"一次性植物秸秆餐具"，该技术的研制是一项涉及化工、机械专业的综合技术，工艺较为成熟。主体原料是经过清洗晾晒的植物秸秆，经过粗粉碎和粉碎，制成粒度合适的粉状物料。其中含有植粉和纤维，植粉中有少量淀粉和蛋白。胶体材料是采用淀粉黏合剂，一种方法是采用市售产品粉状淀粉黏合剂；另一种是生产厂自己调制的液体淀粉胶。不管采用哪种胶体材料，一次性植物秸秆餐具原料生产的关键工序是，将粉状的主体材料按比例配以胶体材料和水之后进行混压。物料在挤压中进行的各种化学物理反应，是原料实现其黏接和具有良好性能的内在因素，通过这道关键步骤使秸秆粉形成一种材料。

一次性秸秆餐具经过3年时间的蹒跚起步，从实践到理论，从技术上的可行到形成经济批量，从研制到市场开发，都证明它具有很强的生命力，是包装行业一项纯天然绿色工程。其原材料性能稳定，专用机械设备具备定型条件；制品形成经济批量，质量稳定；成套技术可以推向市场。一次性植物秸秆餐具正在崛起，它将取代PS发泡餐具，具有良好的市场前景。

（二）可降解型包装材料生产技术

植物秸秆是一种来源丰富的可再生资源。从原料特性看，植物秸秆具有制作内包装材料的许多优点。不少植物秸秆本身就是优良的缓冲包装材料。我国古代就以菱草为缓冲材料来包装瓷器，使我国陶瓷在七、八世纪就能完好无损地传到欧洲和非洲等地。至今，天然植物秸秆作为缓冲包装材料在众多领域及人们的日常生活中仍广为应用。它的主要缺点是外形松散、外观粗糙和不便于装卸作业等，因而不适应时代的发展和现代消费水平的要求。而采用无胶模压成型技术，以秸秆为主要原料所制作果蔬内包装衬垫具有以下特点：a.密度低，具有一定的吸收冲击和抗振动的能力；b.具有适宜的强度；c.无毒、无臭、通气性好；d.价格低廉；e.用后容易销毁。其不足之处是耐破碎性相对较差、掉渣和耐水性较差等。

用秸秆生产的缓冲包装材料在自然条件下可以迅速降解为有机肥。西安建筑科技大学应用麦秸秆、稻草等多种天然植物纤维素材料为主要原料，配以多种安全无毒物质开发出完全可以降解的缓冲包装材料。这种材料具有体积小、质量轻、压缩强度高的特点，同时又有一定的柔韧性，制造成本与发泡塑料相当，大大低于纸制品和木质制品。在自然环境中，1个月左右即可全部降解成有机肥。

二、秸秆用作建筑装饰材料

（一）秸秆轻型建材

秸秆富含纤维素、木质素，是生产建材的优良原料。秸秆与化学胶合剂混合，经热压可生产轻型建材，如秸秆轻体板、轻型墙体隔板、秸秆黏土砖、蜂窝蕊复合轻质板等。技术路线是：将秸秆粉碎后按一定比例加入轻粉、膨润土作为黏合剂，再加入阻燃剂和其他配料，进行机械搅拌、挤压成型、恒温固化，即可制成符合国家规范的"五防"（防水、防火、防虫、防老化、防震）轻质建筑材料。由于这些材料成本低、质量轻、美观大方，且生产过程中无污染，因此广受用户的欢迎。

秸秆在建筑材料领域内目前的应用已相当广泛，秸秆消耗量大、产品附加值高，又能节约木材，很有发展前景。按胶凝剂分有水泥基、石膏基、氯氧镁基、树脂基等。按制品分有复合板、纤维板、定向板、模压板、空心板等。按用途分为阻燃型、耐水型、防腐型等。

秸秆镁质水泥轻质条板是以镁质水泥为胶结料，秸秆为填料，玻璃纤维为增强剂，经特殊改性处理和严格配方加工而成的一种新型轻质墙体材料。它具有质量轻、强度高、防火耐水、无毒无味、耐腐蚀、可加工性能好、价格低廉等优点。

（二）秸秆人造板

秸秆人造板是以秸秆为原料，以改性异氰酸酯为胶黏剂，在一定的温度压力下压制而成的一种人造板，因其使用的是改性异氰酸酯胶，在固化以后不产生任何游离甲醛，是绝对的绿色环保材料。这种板材也适应了人们对环保的要求，成为家具与建筑业的极佳材料。

在建筑工程上应用。秸秆人造板可作室内门、天花板、墙面材料等，用秸秆内衬保温材料组装的复合墙体可以用作外墙，但裸露在室外的表面需进行特殊防水处理。秸秆墙体材料成本低，安装方便，施工简单，可望获得良好的经济效益。此外，秸秆墙体替代黏土砖还可以保护大批良田，有巨大的社会效益和环境效益。

用于家具制造方面。秸秆人造板的物理机械强度已经达到木质碎料板的国际要求，因此将其用到家具制造及室内装修中去，定有广阔的市场前景。如经过表面装饰（贴纸、贴单板或贴装饰板等）处理后的秸秆人造板可以替代木质中密度纤维板或刨花板，用于家具制造及室内装修，其工艺条件无需改变。用异氰酸酯制造的人造板不释放游离甲醛，在家具制造及室内装修中具有独特的优势。

秸秆垫枕或秸秆板材，可以做成各种不同结构和不同规格的包装箱，一方面可以节省木材，降低包装成本；另一方面也避免了实木包装箱出口检疫碰到麻烦给国家造成的损失。此外，秸秆轻质材料可以用作包装衬垫材料。

三、秸秆生产工业原料

农作物秸秆的主要成分是木质素、纤维素、半纤维素，牲畜直接食用后吸收很少，转化率不高。若经从发酵秸秆中提炼出活性酶酵化分解，便可分解成葡萄糖、木糖、甘露糖、半乳糖，这些糖能直接为畜禽吸收利用，转化成脂肪酸、氨基酸、维生素、菌体蛋白等满足动物对各种营养物质的需要。目前，秸秆用作工业原料已非常普遍，如小麦秸秆制取糠醛、纤维素，稻壳生产免烧砖、酿烧酒，玉米秆制造淀粉等。

（一）植物秸秆生产酒精

利用秸秆发酵生产燃料酒精，可解决目前面临的环境危机、粮食危机及能源危机。秸秆酸水解发酵制酒精的研究在欧美各国已进展到万吨级试验规模，但其生产成本仍难以与石油或合成酒精价格相竞争，主要是由于酸解条件苛刻，对设备有腐蚀作用，需耐酸耐压设备，且生成有毒的分解产物如糠醛、酚类物质等，成本极高，碱水解也存在同样问题。而秸秆的酶解发酵酒精选择性强，且较化学水解条件温和，故得到了一定发展。由最初的分批酶解到连续酶解，再到纤维素制酒精的同步糖化法工艺，普遍存在着中间产物与最终产品反应条件相互制约，难以协调以致不能完成预计过程的问题。

（二）秸秆制作淀粉

农作物的秸秆和秕壳，除了作家畜饲料或堆积沤制肥料之外，经过适当的科学处理后，还可以制取淀粉。制取的淀粉不仅能制作饴糖、酿醋、酿酒，而且还能够制作多种食品与糕点。因此，由秸秆制作淀粉，不仅是目前市场上紧俏且价格看好的一种食品加工原料，也是通过加工增值，提高经济效益的一项最佳途径。

1. 用玉米茎秆制作淀粉

先将玉米秆的硬皮剥掉，把无虫蛀的瓤子切成薄片，用清水浸泡12h，放入大锅里煮。当瓤子被煮烂熟时搅成糊状，再加适量清水稀释搅匀过细筛，将滤好的溶液装入细布袋进行挤压或吊干，这样就可以得到湿淀粉。大约每100kg瓤子可得到湿淀粉75kg。筛子上面的粉渣还可以用来酿酒或制作醋。另外，也可直接将玉米秆瓤煮至发黄，然后将其粉碎后过细筛，筛子上面的粉渣可以制作饴糖料，筛下的细粉便可制作糕点、食品等。

2. 用各类豆荚皮做淀粉

①纤维素酶活力国际单位定义是每分钟分解底物纤维素产生1μmol葡萄糖所需的酶量，以IU/g表示。

先用较粗的筛子筛除泥砂杂质，再用水洗净灰尘，然后用清水浸泡8～10h，捞出后放入大锅内，按每10kg原料加纯碱0.2kg的比例加适量纯碱。用猛火煮烂直至豆荚发黏时捞出，粉碎后再加入清水搅匀，用细筛过滤，将滤出的浆液装入面袋内挤干即成湿淀粉。每100kg原料可得湿淀粉65kg。

3. 用稻草制作淀粉

先将稻草用水冲洗干净，再用切草机或铡刀切碎，放入铁锅内，每100kg加沸水20kg、纯碱0.12kg，煮45min后捞出，放入冷水中猛搅揉搓，捞出后粉碎的秆料放回原液中，经十几分钟搅动后用细筛过滤，将滤液放入大罐中澄清。经12h，将上层带有杂质的废液撇除，将下层浓液装入布袋中挤干即成湿淀粉。每100kg原料可得湿淀粉20kg左右。

4. 用谷类秕壳制作淀粉

先将秕壳用水洗干净，再用机器将其轧开，使其无完整粒，然后放入大锅，按每100kg原料加沸水25kg、纯碱0.13kg的比例加足水和碱，用大火煮80min后捞出粉碎，然后再放入原液中猛搅，搅到秕壳几乎半透明后用细筛过滤，将滤液放入大缸沉淀。经10h左右清浆，撇除废液，将下层溶液装入布袋挤干或吊干，便可得到湿淀粉。每100kg原料一般可得湿淀粉70kg左右。

5. 麦秸制取淀粉

用清水将麦秸洗干净，然后切成5cm长的小段，置于铁锅内；每6kg麦秸加沸水18kg，纯碱0.12kg，放入锅内煮沸，大约30min将捞出麦秸放入冷水里，先用手揉搓后，再放到石磨或石碾上粉碎成浆液（越细越好）；把揉搓过的浆液同碾磨后的浆液混合在一起，经过细筛过滤，把滤液置于干净的缸内澄清，置放沉淀12h后，弃去上层碱清液，换清水搅拌均匀后，再置放沉淀12h；除去上层清液，把下层沉淀液装入布袋里，挤压掉所含全部水分，即可取得湿淀粉。每100kg麦秸可制取湿淀粉60kg。

（三）秸秆生产饴糖

饴糖，也称水饴或糖稀，可代替白糖生产糖果、糕点及果酱等食品。饴糖有较高的医疗价值，是良好的缓和性滋补强壮剂，具有温补脾胃、润肺止咳功效。玉米秸秆含有12%～15%的糖分，是加工饴糖的好原料，有来源广、产量大、易集中、方法简便、实用性强、原料易得、成本较低等特点。利用玉米秸秆加工饴糖，不仅可化废为宝，而且可用酶剂或麸皮代替麦芽作糖化剂节约大量粮食，因此有显著的社会效益和经济效益，糖渣还可作为牲畜饲料，是玉米产区专业户致富的一条门路。玉米秸秆加工饴糖技术简介如下：

1. 原料配比

鲜玉米秸秆100kg、淀粉酶0.5kg（或麸皮20kg或麦芽粉15kg）、粗稻糠20kg。

2. 加工工艺流程

原料→碾碎→蒸料→糖化→过滤→浓缩→冷却→成品

3. 工艺技术要点

（1）原料与碾碎

将鲜玉米秸秆除去大部分茎叶，用茎部5节内秸秆，切碎或用铡刀铡成3cm左右的小段，然后将其碾碎。

（2）蒸料与糖化

按原料配比，将碾碎的玉米秸秆与粗稻糠均匀拌和，以利通蒸汽软化，拌匀后铺于蒸笼内，为使蒸汽焖透秸秆，铁锅内加入50～70kg清洁水，大火煮沸蒸制约30min，务必使秸皮与秸秆心软化。将软化的蒸料倒入大缸内，待温度下降至60～65℃时，拌入0.5%的淀粉酶（AMY）作糖化剂。如无淀粉酶，可用20%的麸皮代替。如用麦芽粉虽然成本增高，但比用淀粉酶多出15%的饴糖。拌匀后加入75℃的蒸料水50kg左右，用干净木棒沿缸边来回搅匀，为防止杂菌污染，缸口用塑料膜捆紧密封，温度保持在70℃左右，使其发酵糖化，时间约24h。

（3）过滤与浓缩

将糖化料捞入滤袋，过滤，糖液用勺子舀出冲洗浇料，以增加滤速，并反复挤压，至无水滴出为止，糖渣可作牲畜饲料。

滤液移入铁锅在常压下大火煮沸使水分汽化蒸发，注意不断搅拌，防止糖液粘锅焦烟，当锅内起泡有糖饴涨出时，不可加水，可用勺舀糖饴窜动，涨浆自会下落，起泡后不久，糖饴呈鱼鳞状、色呈黄红时用波美计检查浓度达40度时，即可停止浓缩，出锅冷却后即为成品饴糖。

如无波美计检查，可用下法判定浓缩终点：a.用竹片或玻璃棒挑起1滴浓缩糖饴滴入冷水中，液滴在数秒钟内聚集下沉而不散开，即达浓缩要求浓度；b.用搅拌木棒或竹片沾糖饴后冷却，几秒钟内黏附的糖饴流淌欲滴而未滴入，垂直的悬挂成拔丝状，说明已达到浓缩终点，可以停止浓缩。

铁锅浓缩的饴糖色泽较深，而低温真空浓缩质量较好，最好二者联合使用，即开始时低浓度用铁锅煮沸一段时间，浓度较高后用低温真空浓缩至终点，可得到色泽较浅、质量较好的饴糖。

（四）秸秆生产羧甲基纤维素

羧甲基纤维素（CMC）是以植物纤维素为原料，经化学改性而制成的一种具有醚类结构的高分子衍生物。该产品是一种白色粉状物，无毒、无臭、无味，溶于水后呈中性或微碱性透明胶液，具有良好的分散力和黏合力。CMC广泛应用于日用化学洗涤用品的抗污再沉积剂、纺织工业的印染助剂、造纸工业的施胶剂、饲料和陶瓷工业的黏合剂以及油田开采的泥浆黏井剂和降失水剂。通常，制备CMC的原料为棉花或棉短绒。由于该原料价格较高，使CMC产品的成本偏高。

四、秸秆用作食用菌的培养基

食用菌是真菌中能够形成大型子实体并能供人们食用的一种真菌，食用菌以其鲜美的味道、柔软的质地、丰富的营养和药用价值备受人们的青睐。食用菌品种很多，有蘑菇、平菇、金针菇、木耳、香菇、猴头菇、草菇等，其培养基料通常由碎木屑、棉籽壳和麦麸等构成。

由于作物秸秆中含有丰富的碳、氮、矿物质及激素等营养成分，加之资源丰富、成本低廉，因此很适合做多种食用菌的培养料。据不完全统计，目前国内能够用作物秸秆（包括稻草、麦秸、玉米秸、油菜秸和豆秸等）生产的食用菌品种已达20多种，不仅可生产出如草菇、香菇、凤尾菇等一般品种，还能培育出如黑木耳、银耳、猴头、毛木耳、金针菇等名贵品种。一般100kg稻草可生产平菇160kg（湿菇）或黑木耳60kg；而100kg玉米秸可生产银耳或猴头菇、金针菇等50 ~ 100kg，可产平菇或香菇等100 ~ 150kg。

五、秸秆的其他应用

（一）造纸工业

在世界范围内，造纸工业是一个充满活力且日益兴旺的行业。随着木材资源问题给造纸行业造成的压力增大，人们越来越重视非木材原料的开发利用，秸秆作为最大的非木材资源受到了很大青睐。

稻草、麦秸和玉米秸等农作物秸秆的纤维强度和韧性近似苇子，是制作纸张的较好原料，其工艺及原辅材料配方可采用与苇子加工制纸一样的工艺。应用玉米秸秆外皮生产出的35g、50g有光纸的各项质量指标基本上与苇浆纸相同。出浆率达41%。

目前我国造纸制浆原料中，1/3来源于秸秆，其制浆具有成本低廉、成纸平滑度好、容易施胶等优点，但纸浆质量差、效率低、污染重，这可通过改进制浆技术得到不同程度的克服和补偿。在新近开发的作物秸秆氨法制浆的工艺中，不仅可有效利用废弃的秸秆资源，而且蒸煮废液中含有农作物生长所需要的营养元素，其渣液可直接用于农田施肥，实现自然界的物质循环。

（二）秸秆人造丝

不久前，美国珀杜大学的一位教授发明了一种用玉米秸秆、麦秆、稻草、木料和废纸生产人造纤维的新工艺。该工艺使用的是氯化锌，所生产出的人造丝具有丝绸级的强韧性，现已获得专利权。

与目前使用的标准人造丝生产工艺相比，这种新工艺具有以下优点：a.可利用任何来源的纤维素，如回收的废纸和利用农副产品生产的纸浆，而现在的生产工艺只能用高质量的木浆制造人造丝；b.有可能溶解用纤维制造的木材，并从中回收纤维素；c.不污染环境，目前制造人造丝使用的黏胶液工艺中普遍使用一种有毒化学品，而使用氯化锌则安全可靠，而且在生产过程中可以回收再利用；d.工艺流程简单，效率高，且原料便宜，成本低。一般生产人造丝需18h，而新工艺几乎可即生产出人造丝。

（三）秸秆用于编织业

秸秆用于编织业最常见、用途最广的就是稻草编织草帘、草苫、草席、草垫、草篮等。如草帘、草苫等可用于蔬菜工程的温室大棚中，冬天能保暖，夏天能遮阳。由于稻草价廉物丰，草制品加工技术简单易学，将稻草编织成草帘、草苫，既可增加农民收入，又提供了一条资源化利用秸秆的有效途径。小麦秸、玉米苞皮等也是农区草编业的重要原料。据报道，我国的草编制品的品种花色繁多，包括草帽、草篮、草垫、草苫、壁挂及其他多种工艺品和装饰品，由于这些草制品具有工艺精巧，透气保暖性好，装饰性强等优点，深受国内外消费者的喜爱，因而已经成为一条效益很好的创汇渠道。据调查，仅此一项就可使每亩增收100～200元，相当于每亩多产30kg小麦或40kg玉米。

另外，将稻草等作物秸秆编成草席、草垫，既有利于防风防雨、保温防冻，又具有吸汗防湿的功效，这些技术在广大农村已经广为应用。

第五章 畜禽粪便与秸秆沼气处理实用技术

第一节 沼气概述

随着近年来粮食生产持续丰收，畜牧养殖业也得到了长足发展，为发展沼气生产奠定了物质基础。近年来，由科技人员技术创新与广大农民丰富实践经验相结合，创造了南方"猪—沼—果（菜、鱼等）"生态模式和北方"四位一体"的生态模式，这些模式将种植业生产、动物养殖转化、微生物还原的生态原理运用到整个大农业生产中，促进了经济、社会、生态环境的协调发展，也推动了农业可持续发展战略的进行。目前，沼气建设也已从单一的能源效益型，发展到以沼气为纽带，集种植业、养殖业以及农副产品加工业为一体的生态农业模式，在更大范围内，为农业生产和农业生态环境展示了沼气的魅力。

一、沼气的概念与发展

沼气是有机物质如秸秆、杂草、人畜粪便、垃圾、污泥、工业有机废水等在厌氧的环境和一定条件下，经过种类繁多、数量巨大、功能不同的各类厌氧微生物的分解代谢而产生的一种气体，因为人们最早是在沼泽地中发现的，因此，称为沼气。

沼气是一种多组分的混合气体，它的主要成分是甲烷，占体积的50%～70%；其次是二氧化碳，占体积的30%～40%；此外，还有少量的一氧化碳、氢气、氧气、硫化氢、氮气等气体组成。沼气中的甲烷、一氧化碳、氢、硫化氢是可燃气体，氧是助燃气体，二氧化碳和氮是惰性气体。未经燃烧的沼气是一种无色、有臭味、有毒、比空气轻、易扩散、难溶于水的可燃性混合气体。沼气经过充分燃烧后即变为一种无毒、无臭味、无烟尘的气体。沼气燃烧时最高温度可达1 400℃，每立方米沼气热度值为2.13万～2.51万焦耳，因此，沼气是一种比较理想的优质气体燃料。

沼气在自然界分布很广，凡是有水和有机物质同时存在的地方几乎都有沼气产生。如海洋、湖泊以及在日常生活中我们常见的水沟、粪坑、污泥塘等地方冒出的气泡就是沼气。

沼气中的主要气体甲烷还是大气层中产生"温室效应"的主要气体，其对全球气候变暖的贡献率达20%～25%，仅次于二氧化碳气体。

当空气中甲烷气体的含量占空气的5% ~ 15%时，遇火会发生爆炸，而含60%的沼气的爆炸下限是9%，上限是23%。当空气中甲烷含量达25% ~ 30%时，对人畜会产生一定的麻醉作用。沼气与氧气燃烧的体积比为1：2，在空气中完全燃烧的体积比为1：10，沼气不完全燃烧后产生的一氧化碳气体可以使人中毒、昏迷，严重的会危及生命。因此，在使用沼气时，一定要正确地使用，避免发生事故。

二、发展沼气的好处与用途

多年来的实践证明，农村办沼气是一举多得的好事。它能给国家、集体和农民带来许多好处，是我国农村小康社会建设的重要组成部分，也是建设生态家园的关键环节。在农村发展沼气不但可用于做饭、照明等生活方面，它还可以用于农业生产中，如温室保温、烧锅炉、加工和烘烤农产品、防蛀、储备粮食、水果保鲜等。并且沼气也可发电做农机动力。在农村办沼气的好处，概括起来主要有以下几个方面：

（一）农村办沼气是解决农村燃料问题的重要途径之一

一户3 ~ 4口人的家庭，修建一口容积为6 ~ 10立方米的沼气池，只要发酵原料充足，并管理得好就能解决点灯、煮饭的燃料问题。同时，凡是沼气办得好的地方，农户的卫生状况及居住环境都大有改观，尤其是广大农妇通过使用沼气，从烟熏火燎的传统炊事方式中解脱了出来。另外，办沼气改变了农村传统的烧柴习惯，节约了柴草，有利于保护林草资源，促进植树造林的发展，减少水土流失，改善农业生态环境。

（二）农村办沼气可以改变农业生产条件，促进农业生产发展

1. 增加肥料

办起沼气后，过去被烧掉的大量农作物秸秆和畜禽粪便加入沼气池密闭发酵，既能产气，又沤制成了优质的有机肥料，扩大了有机肥料的来源。同时，人畜粪便、秸秆等经过沼气池密闭发酵，提高了肥效，消灭寄生虫卵等危害人们健康的病原菌。沼气办得好，有机肥料能成倍增加，带动粮食、蔬菜、瓜果连年增产，同时，产品的质量也大大提高，生产成本下降。

2. 增强作物抗旱、防冻能力，生产健康的绿色食品

凡是施用沼肥的作物均增强了抗旱防冻的能力，提高秧苗的成活率。由于人畜粪便及秸秆经过密闭发酵后，在生产沼气的同时，还产生一定量的沼肥，沼肥中因存留丰富的氨基酸、B族维生素、各种水解酶、某些植物激素和对病虫害有明显抑制作用的物质，对各类作物均具有促进生长、增产、抗寒、抗病虫害之功能。使用沼肥不但节省化肥、农药的喷施量，也有利于生产健康的绿色产品。

3. 有利于发展畜禽养殖

办起沼气后，有利于解决"三料"（燃料、饲料和肥料）的矛盾，促进畜牧业的发展。

4. 节省劳动力和资金

办起沼气后，过去农民拣柴、运煤花费的大量劳动力就能节约下来，投入到农业生产第一线去。同时节省了买柴、买煤、买农药、买化肥的资金，使办沼气的农户减少了日常的经济开支，得到实惠。

（三）农村办沼气，有利于保护生态环境，加快实现农业生态化

农村办沼气后，把部分人、畜、禽和秸秆所产沼气收集起来并有益地利用，不但能减少向大气中的排放量，有效地减轻大气"温室效应"，保护生态环境。而且用沼气做饭、照明或作动力燃料，开动柴油机（或汽油机）用于抽水、发电、打米、磨面、粉碎饲料等效益也十分显著，深受农民欢迎。柴油机使用沼气的节油率一般为70% ~ 80%。用沼气作动力燃料，清洁无污染，制取方便，成本又低，既能为国家节省石油制品，又能降低作业成本，为实现农业生态化开辟了新的动力资源，是农村一项重要的能源建设，也是实现农业生态环境的重要措施。

（四）农村办沼气是卫生工作的一项重大变革

消灭血吸虫病、钩虫病等寄生虫病的一项关键措施，就是搞好人、畜粪便管理。办起沼气后，人、畜粪便都投入到沼气池密闭发酵，粪便中寄生虫卵可以减少95%左右，农民居住的环境卫生大有改观，控制和消灭寄生虫病，为搞好农村除害灭菌工作找到了一条新的途径。

（五）农村办沼气推动科学技术普及工作的开展

农村办沼气，既推动了农村科学技术普及工作的开展，也有利于畜禽养殖粪便的无害化处理和作物秸秆有效利用，实现畜禽养殖粪便的"零排放"。

第二节　沼气的生产原理与生产方法

一、沼气发酵的原理与产生过程

（一）液化阶段

在沼气发酵中首先是发酵性细菌群利用它所分泌的胞外酶，如纤维酶、淀粉酶、蛋白

酶和脂肪酶等，对复杂的有机物进行体外酶解，也就是把畜禽粪便、作物秸秆、农副产品废液等大分子有机物分解成溶于水的单糖、氨基酸、甘油和脂肪酸等小分子化合物。这些液化产物可以进入微生物细胞，并参加微生物细胞内的生物化学反应。

（二）产酸阶段

上述液化产物进入微生物细胞后，在胞内酶的作用下，进一步转化成小分子化合物（如低级脂肪酸、醇等），其中，主要是挥发酸，包括乙酸、丙酸和丁酸，乙酸最多，约占80%。

液化阶段和产酸阶段是一个连续过程，统称不产甲烷阶段。在这个过程中，不产甲烷的细菌种类繁多，数量巨大，它们的主要作用是为产甲烷菌提供营养和为产甲烷菌创造适宜的厌氧条件，消除部分毒物。

（三）产甲烷阶段

在此阶段中，将第二阶段的产物进一步转化为甲烷和二氧化碳。在这个阶段中，产氨细菌大量活动而使氨态氮浓度增加，氧化还原势降低，为甲烷菌提供了适宜的环境，甲烷菌的数量大大增加，开始大量产生甲烷。

不产甲烷菌类群与产甲烷菌类群相互依赖、互相作用，不产甲烷菌为产甲烷菌提供了物质基础和排除毒素，产甲烷菌为不产甲烷菌消化了酸性物质，有利于更多地产生酸性物质，两者相互平衡，如果产甲烷菌量太小，则沼气内酸性物质积累造成发酵液酸化和中毒，如果不产甲烷菌量少，则不能为甲烷菌提供足够养料，也不可能产生足量的沼气。人工制取沼气的关键是创造一个适合于沼气微生物进行正常生命活动（包括生长、发育、繁殖、代谢等）所需要的基本条件。

从沼气发酵的全过程看，液化阶段所进行的水解反应大多需要消耗能量，而不能为微生物提供能量，所以进行比较慢，要想加快沼气发酵的进展，首先要设法加快液化阶段。原料进行预处理和增加可溶性有机物含量较多的人粪、猪粪以及嫩绿的水生植物都会加快液化的速度，促进整个发酵的进展。产酸阶段能否控制得住（特别是沼气发酵启动过程）是决定沼气微生物群体能否形成，有机物转化为沼气的进程能否保持平衡，沼气发酵能否顺利进行的关键。沼气池第一次投料时适当控制秸秆用量，保证一定数量的人畜粪便入池以及人工调节料液的酸碱度，是控制产酸阶段的有效手段。产甲烷阶段是决定沼气产量和质量的主要环节，首先要为甲烷菌创造适宜的生活环境，促进甲烷菌旺盛成长。防止毒害，增加接种物的用量，是促进产甲烷阶段的良好措施。

二、沼气发酵的工艺类型

沼气发酵的工艺有以下几种分类方式。

（一）以发酵原料的类型分

根据农村常见的发酵原料主要分为全秸秆沼气发酵、秸秆与人畜粪便混合沼气发酵和完全用人畜粪便沼气发酵原料三种。不同的发酵工艺，投料时原料的搭配比例和补料量不同。

①采用全秸秆进行沼气发酵，在投料时可一次性将原料备齐，并采用浓度较高的发酵方法。

②采用秸秆与人畜粪便混合发酵，则秸秆与人畜粪便的比例按重量比宜为1：1，在发酵进行过程中，多采用人畜粪便的补料方式。

③完全采用人畜粪便进行沼气发酵时，在南方农村最初投料的发酵浓度指原料的干物质重量占发酵料液重量的百分比，用公式表示为：浓度（％）＝（干物质重量/发酵液重量）×100，控制在6%左右，在北方可以达到8%，在运行过程中采用间断补料或连续补料的方式进行沼气发酵。

（二）以投料方式分

1. 连续发酵

投料启动后，经过一段时间正常发酵产气后，每天或随时连续定量添加新料，排除旧料，使正常发酵能长期连续进行。这种工艺适于处理来源稳定的城市污水、工业废水和大、中型畜牧厂的粪便。

2. 半连续发酵

启动时一次性投入较多的发酵原料，当产气量趋向下降时，开始定期添加新料和排除旧料，以维持较稳定的产气率。目前，我们的农村家用沼气池大都采用这种发酵工艺。

3. 批量发酵

一次投料发酵，运转期中不添加新料，当发酵周期结束后，取出旧料，再投入新料发酵，这种发酵工艺的产气不均衡。产气初期产量上升很快，维持一段时间的产气高峰，即逐渐下降，我国农村有的地方也采用这种发酵工艺。

（三）以发酵温度分

1. 高温发酵

发酵温度在50～60℃，特点是微生物特别活跃，有机物分解消化快，产气率高（一般每天在2.0立方米/千克料液以上）原料滞留期短。但沼气中甲烷的含量比中温常温发酵都低，一般只有50%左右，从原料利用的角度来讲并不合算。该方式主要适用于处理温度较高的有机废物和废水，如酒厂的酒糟废液，豆腐厂废水等，这种工艺的自身能耗较多。

2. 中温发酵

发酵温度在30 ~ 35℃，特点是微生物较活跃，有机物消化较快，产气率较高（一般每天在1立方米/千克料液以上）。与高温发酵相比，液化速度要慢一些，但沼气的总产量和沼气中甲烷的含量都较高，可比常温发酵产气量高5 ~ 15倍，从能量回收的经济观点来看，是一种较理想的发酵工艺类型。目前，世界各国的大、中型沼气池普遍采用这种工艺。

3. 常温（自然温度，也称变温）发酵是指在自然温度下进行的沼气发酵

发酵温度基本上随气温变化而不断变化。由于我国的农村沼气池多数为地下式，因此，发酵温度直接受到地温变化的影响，而地温又与气温变化密切相关。所以，发酵随四季温度变化而变化，在夏天产气率较高，而在冬天产气率低。优点是沼气池结构简单，操作方便，造价低，但由于发酵温度常较低，不能满足沼气微生物的适宜活动温度，所以，原料分解慢，利用率低，产气量少。我国农村采用的大多都是这种工艺。

（四）按发酵级差分

①单级发酵。在一个沼气池内进行发酵，农村沼气池多属于这种类型。
②二级发酵。在两个互相连通的沼气池内发酵。
③多级发酵。在多个互相连通的沼气池内发酵。

（五）两步发酵工艺

即将产酸和产甲烷分别在不同的装置中进行，产气率高，沼气中的甲烷含量高。

三、影响沼气发酵的因素

沼气发酵与发酵原料、发酵浓度、沼气微生物、酸碱度、严格的厌氧环境和适宜的温度这6个因素有关，人工制取沼气必须适时掌握和调节好这6个因素。

（一）发酵原料

发酵原料是产生沼气的物质基础，只有具备充足的发酵原料才能保证沼气发酵的持续运行。目前，农村用于沼气发酵的原料十分丰富，数量巨大，主要是各种有机废弃物，如农作物秸秆、畜禽粪便、人粪尿、水浮莲、树叶杂草等。用不同的原料发酵时要注意碳、氮元素的配比，一般碳氮比（C/N）在（20 ~ 30）：1时最合适。高于或低于这个比值，发酵就要受到影响，所以，在发酵前应对发酵原料进行配比，使碳氮比在这个范围之中。同时，不是所有的植物都可作为沼气发酵原料，例如，桃叶、百部、马钱子果、皂角皮、元江金光菊、元江黄芩、大蒜、植物生物碱、地衣酸金属化合物、盐类和刚消过毒的畜禽

粪便等，都不能进入沼气池。它们对沼气发酵有较大的抑制作用，故不能作为沼气发酵原料。

由于各种原料所含有机物成分不同，它们的产气率也是不相同的。根据原料中所含碳素和氮素的比值（即C/N比）不同，可把沼气发酵原料分为以下类型。

1. 富氮原料

人、畜和家禽粪便为富氮原料，一般碳氮比（C/N）都小于25：1，这类原料是农村沼气发酵的主要原料，其特点是发酵周期短，分解和产气速度快，但这类原料单位发酵原料的总产气量较低。

2. 富碳原料

在农村主要指农作物秸秆，这类原料一般碳氮比（C/N）都较高，在30：1以上，其特点是原料分解速度慢，发酵产气周期长，但单位原料总产气量较高。

另外，还有其他类型的发酵原料，如城市有机废物、大中型农副产品加工废水和水生植物等。

根据测试结果显示：玉米秸秆的产气潜力最大，稻麦草和人粪次之，牛马粪、鸡粪产气潜力较小。各种原料的产气速度分解有机物的速度也是各不相同的。猪粪、马粪、青草20天产气量可达总产气量的80%以上，60天结束；作物秸秆一般要30～40天的产气量才能达到总产气量的80%左右，60天达到90%以上。

在农村以人、畜粪便为发酵原料时，其发酵原料提供量可根据下列参数计算，一般来说，一个成年人一年可排粪尿600千克左右，畜禽粪便的排泄量如下：猪（体重40～50千克）的粪排泄量为2.0～2.5千克/（天·头）；牛的粪排泄量为18～20千克/（天·头）；鸡的粪排泄量为0.1～0.2千克/（天·只）；羊的粪排泄量为2千克/（天·头）。

农村最主要的发酵原料是人畜粪便和秸秆，人畜粪便不需要进行预处理。而农作物秸秆由于难以消化，必须预先经过堆沤才有利于沼气发酵。在北方由于气温低，宜采用坑式堆沤：首先将秸秆铡成3厘米左右，踩紧堆成30厘米厚左右，泼2%的石灰澄清液并加10%的粪水（即100千克秸秆，用2千克石灰澄清液，10千克粪水）。照此方法铺3～4层，堆好后用塑料薄膜覆盖，堆沤半月左右，便可作发酵原料。

在南方由于气温较高，用上述方法直接将秸秆堆沤在地上即可。

（二）发酵浓度

除了上述原料种类对沼气发酵的影响外，发酵原料的浓度对沼气发酵也有较大影响。发酵原料的浓度高低在一定程度上表示沼气微生物营养物质丰富与否。浓度越高表示营养越丰富，沼气微生物的生命活动也越旺盛。在生产实际应用中，可以产生沼气的浓度范围很广，从2%～30%的浓度都可以进行沼气发酵，但一般农村常温发酵池发酵料浓度以

6%～10%为好，人、畜和家禽粪便为发酵原料时料浓度可以控制在6%左右；以秸秆为发酵原料时料浓度可以控制在10%左右。另外，根据实际经验，夏天以6%的浓度产气量最高，冬季以10%的浓度产气量最高。这就是通常说的夏天浓度稀一点好，冬天浓度稠一点好。

（三）沼气微生物

沼气发酵必须有足够的沼气微生物接种，接种物是沼气发酵初期所需要的微生物菌种，接种物来源于阴沟污泥或老沼气池沼渣、沼液等。也可人工制备接种物，方法是将老沼气池的发酵液添加一定数量的人、畜粪便。比如，要制备500千克发酵接种物，一般添加200千克的沼气发酵液和300千克的人畜粪便混合，堆沤在不渗水的坑里并用塑料薄膜密闭封口，一周后即可作为接种物。如果没有沼气发酵液，可以用农村较为肥沃的阴沟污泥250千克，添加250千克人、畜粪便混合堆沤一周左右即可；如果没有污泥，可直接用人、畜粪便500千克进行密闭堆沤，10天后便可作沼气发酵接种物。一般接种物的用量应达到发酵原料的20%～30%。

（四）酸碱度

发酵料的酸碱度也是影响发酵重要因素，沼气池适宜的酸碱度（即pH值）为6.5～7.5，过高过低都会影响沼气池内微生物的活性。在正常情况下，沼气发酵的pH值有一个自然平衡过程，一般不需调节，但在配料不当或其他原因而出现池内挥发酸大量积累，导致pH值下降，俗称酸化，这时便可采用以下措施进行调节。

①如果是因为发酵料液浓度过高，可让其自然调节并停止向池内进料。

②可以加一些草木灰或适量的氨水，氨水的浓度控制在5%（即100千克氨水中，95千克水，5千克氨水）左右，并注意发酵液充分搅拌均匀。

③用石灰水调节。用此方法，尤其要注意逐渐加石灰水，先用2%的石灰水澄清液与发酵液充分搅拌均匀，测定pH值，如果pH值还偏低，则适当增加石灰水澄清液，充分混匀，直到pH值达到要求为止。发酵液的酸碱度可用pH试纸来测定，将这种试纸条在沼液里浸一下，将浸过的纸条与测试酸碱度的标准纸条比较，浸过沼液的纸条上的颜色与标准纸上的颜色一致的便是沼气池料液的酸碱度数值，即pH值。

（五）严格的厌氧环境

沼气发酵一定要在密封的容器中进行，避免与空气中的氧气接触，要创造一个严格的厌氧环境。

（六）适宜的温度

发酵温度对产气率的影响较大，农村变温发酵方式沼气池的适宜发酵温度为

15～25℃。为了提高产气率，农村沼气池在冬季应尽可能提高发酵温度。可采用覆盖秸秆保温、塑料大棚增温和增加高温性发酵料增温等措施。

另外，要提高沼气池的产气量，除要掌握和调节好以上6个因素外，还需在沼气发酵过程中对发酵液进行搅拌，使发酵液分布均匀，增加微生物与原料的接触面，加快发酵速度，提高产气量，在农村简易的搅拌方式主要有以下三种：

①机械搅拌。用适合各种池型的机械搅拌器对料液进行搅拌，对搅拌发酵液有一定效果。

②液体回流搅拌。从沼气池的出料间将发酵液抽出，然后又从进料管注入沼气池内，产生较强的料液回流以达到搅拌和菌种回流的目的。

③简单振动搅拌。用一根前端略带弯曲的竹竿每日从进出料间向池底振荡数10次，以振动的方式进行搅拌。

四、沼气池的类型

懂得了沼气发酵的原理，我们就可以在人工控制下利用沼气微生物来制取沼气，为人类的生产、生活服务。人工制取沼气的首要条件就是要有一个合格的发酵装置。这种装置，目前我国统称为沼气池。沼气池的形状类型很多，形式不一，我们根据各自的特点，将其分为以下几类：

（一）按贮气方式分

可分为水压式沼气池，浮罩式沼气池及袋式沼气池。

1. 水压式沼气池

水压式沼气池又分为侧水压式、顶水压式和分离水压式。

水压式沼气池是目前我国推广数量最大、种类最多的沼气池，其工作原理是池内装入发酵原料（占池容的80%左右），以料液表面为界限，上部为贮气间，下部为发酵间。当沼气池产气时，沼气集中于贮气间内，随着沼气的增多，容积不断增大，此时沼气压迫发酵间内发酵液进入水压间。当用气时，贮气间的沼气被放出，此时，水压间内的料液进入发酵间。如此"气压水、水压气"反复进行，因此，称之为水压式沼气池。

水压式沼气池结构简单、施工方便，各种建筑材料均可使用，取料容易，价格较低，比较适合我国的农村经济水平。但水压式沼气池气压不稳定，对发酵有一定的影响，且水压间较大，冬季不易保温，压力波动较大，对抗渗漏要求严格。

2. 浮罩式沼气池

浮罩式沼气池又分为顶浮罩式和分离浮罩式。

浮罩式沼气池是把水压式沼气池的贮气间单独建造分离出来，即沼气池所产生的沼气被一个浮沉式的气罩贮存起来，沼气池本身只起发酵间的作用。

浮罩式沼气池压力稳定，便于沼气发酵及使用，对抗渗漏性要求较低，但其造价较高，在大部分农村有一定的经济局限性。

3．袋式沼气池

如河南省研制推广的全塑及半塑沼气池等。

袋式沼气池成本低，进出料容易，便于利用阳光增温，提高产气率，但其使用寿命较短，年使用期短，气压低，对燃烧有不利的影响。

（二）按发酵池的几何形状分

可分为圆筒形池、球形池、椭球形池、长方形池、方形池、纺锤形池、拱形池等。

圆形或近似于圆形的沼气池与长方形池比较，具有以下优点：第一，相同容积的沼气池，圆形比长方形的表面积小，省工、省料；第二，圆形池受力均匀，池体牢固，同一容积的沼气池，在相同荷载作用下，圆形池比长方形池的池墙厚度小；第三，圆形沼气池的内壁没有直角，容易解决密封问题。

球形水压式沼气池具有结构合理，整体性好，表面积小，省工省料等优点，因此，球形水压式沼气池已从沿海河网地带发展到其他地区，推广面逐步扩大。其中，球形A型，适用于地下水位较低地方，其特点是，在不打开活动盖的情况下，可经出料管提取沉渣，方便管理，节省劳力。球形B型占地少，整体性好，因此在土质差、水位高的情况下，具有不易断裂，抗浮力强等特点。

椭球形池是近年来发展的新池型，具有埋置深度浅、受力性能好、适应性能广、施工和管理方便等特点。其中，A型池体由椭圆曲线绕短轴旋转而形成的旋转椭球壳体形，亦称扁球形。埋置深度浅，发酵底面大，一般土质均可选用。B型池体由椭圆曲线绕长轴旋转而形成的旋转椭球壳体形，似蛋，亦称蛋形。埋置深度浅，便于搅拌和进出料，适应狭长地面建池。

目前，我国农村家用沼气池除江苏省、浙江省采用球形池外大多数是圆形池，中型沼气池除采用圆形池外，拱形沼气池也正在逐步推广应用。

（三）按建池材料分

可分为砖结构池、石结构池、混凝土池、钢筋混凝土池、钢丝网水泥池、钢结构池、塑料或橡胶池、抗碱玻璃纤维水泥池等。

（四）按埋伏的位置分

可分为地上式沼气池、半埋式沼气池、地下式沼气池。

多年的实践证明，在我国农村建造家用沼气池一般为水压式、圆筒形池、地下式池，平原地区多采用砖水泥结构池或混凝土浇筑池。

五、沼气池的建造

（一）建造沼气池的基本要求

不论建造哪种形式、哪种工艺的沼气池，都要符合以下基本要求。

①严格密闭。保证沼气微生物所要求的严格厌氧环境，使发酵能顺利进行，能够有效地收集沼气。

②结构合理。能够满足发酵工艺的要求，保持良好的发酵条件，管理操作方便。

③坚固耐用，造价低廉，建造施工及维修保养方便。

④安全、卫生、实用、美观。

（二）建造沼气池的标准

我国沼气技术推广部门已形成了一个网络，各省（区）、市、县有专门的机构负责沼气的推广工作，有的地区乡镇、村都有沼气技术员负责沼气的推广工作，如果想要修建沼气池，可以找当地农村能源办公室（有的地方称沼气办公室），因为，他们是经过专门的技术培训，经考核并获资格证书，故修建的沼气池质量可以得到保证。

（三）沼气池容积大小的确定

沼气池容积的大小（一般指有效容积，即主池的净容积），应该根据发酵原料的数量和用气量等因素来确定，同时，要考虑到沼肥的用量及用途。

在农村，按每人每天平均用气量0.3～0.4立方米，一个4口人的家庭，每天煮饭、点灯需用沼气1.5立方米左右。如果使用质量好的沼气灯和沼气灶，耗气量还可以减少。

根据科学试验和各地的实践，一般要求平均按一头猪的粪便量（约5千克）入池发酵，即规划建造1立方米的有效容积估算。池容积可根据当地的气温、发酵原料来源等情况具体规划。北方地区冬季寒冷，产气量比南方低，一般家用池选择8立方米或10立方米；南方地区，家用池选择6立方米左右。按照这个标准修建的沼气池，管理得好，春、夏、秋三季所产生的沼气，除供煮饭、烧水、照明外还可有余，冬季气温下降，产气减少，仍可保证煮饭的需要。如果有养殖规模，粪便量大或有更多的用气量要求可建造较大的沼气池，池容积可扩大到15～20立方米。如果仍不能满足要求或需要就要考虑建多个池。

有的人认为，"沼气池修的越大，产气越多"，这种看法是片面的。实践证明，有气无气在于"建"（建池），气多气少在于"管"（管理）。大沼气池容积虽大，如果发酵原料不足，科学管理措施跟不上，产气还不如小池子。但是也不能单纯考虑管理方便，把沼气池修得很小，因为容积过小，影响沼气池蓄肥、造肥的功能，这也是不合理的。

（四）水压式、圆筒形沼气池的建造工艺

目前，国内农村推广使用最为广泛的为水压式沼气池，这种沼气池主要由发酵间、贮气间、进料管、水压间、活动盖、导气管6个主要部分组成。

发酵间与贮气间为一个整体，下部装发酵原料的部分称为发酵间，上部贮存沼气的部分称为贮气间，这两部分称为主池。进料管插入主池中下部，作为平时进料用。水压间的作用，一是起着存放从主池挤压出来的料液的作用；二是用气时起着将沼气压出的作用。活动盖设置在沼气池顶部是操作人员进出沼气的通道，平时作为大换料的进出料孔。

沼气池的工作原理：当池内产生沼气时，贮气间内的沼气不断增多，压力不断提高，迫使主池内液面下降，挤压出一部分料液到水压间内，水压间液面上升与池内液面形成水位差，使池内沼气产生压力。当人们打开炉灶开关用气时，沼气池内的压力逐渐下降，水压间料液不断流回主池，液面差逐渐减小，压力也随之减小。当沼气池内液面与水压间液面高度相同时，池内压力就等于零。

1. 修建沼气池的步骤

①查看地形，确定沼气池修建的位置。

②拟订施工方案，绘制施工图纸。

③准备施工材料。

④放线。

⑤挖土方。

⑥支模（外模和内模）。

⑦混凝土浇捣，或砖砌筑，或预制砼大板组装。

⑧养护。

⑨拆模。

⑩回填土。

⑪密封层施工。

⑫输配气管件、灯、灶具安装。

⑬试压，验收。

2. 建池材料的选择

农村户用小型沼气池，常用的建池材料是砖、沙、石子、水泥。现将这些材料的一般性质介绍如下：

（1）水泥

水泥是建池的主要材料，也是池体产生结构强度的主材料。了解水泥的特性，正确使用水泥，是保证建池质量的重要环节。常见的水泥有普通硅酸盐水泥和矿渣硅酸盐水泥两种。普通硅酸盐水泥早期强度高，低温环境中凝结快，稳定性、耐冻性较好，但耐碱性能较差，矿渣水泥耐酸碱性能优于普通水泥，但早期强度低，凝结慢，不宜在低温环境中施工，耐冻性差，所以，建池一般应选用普通水泥，而不宜用矿渣水泥。

水泥的标号，是以水泥的强度来定的。水泥强度是指每平方厘米能承受的最大压力。普通水泥常用标号有225号、325号、425号、525号（分别相当于原来的300号、400号、500号、600号），修建沼气池要求325号以上的水泥。

（2）沙、石是混凝土的填充骨料

沙的容重为1 500～1 600千克/立方米，按粒径的大小，可以分为粗沙、中沙、细沙。建池需选用中沙和粗沙，一般不采用细沙。碎石一般容重为1 400～1 500千克/立方米，按照施工要求，混凝土中的石子粒径不能大于构件厚度的1/3，建池用碎石最大粒径不得超过2厘米为宜。

（3）砖的选择

砖的外形一般为24厘米×11.5厘米×5.3厘米，每立方米容重为1 600～1 800千克，建池一般选用75号以上的机制砖。（目前，沼气池的施工完全采用水泥混凝土浇筑，砖只用来搭模，要求表面平滑即可。）

3. 施工工艺

沼气池的施工工艺大体可分为三种：一是整体浇筑；二是块体砌筑；三是混合施工。

（1）整体浇注

整体浇注是从下向上，在现场用混凝土浇成。这种池子整体性能好，强度高，适合在无地下水的地方建池。混凝土浇筑可采用砖模、木模钢模均可。

（2）块体砌筑

块体砌筑是用砖、水泥预制或料石一块一块拼砌起来。这种施工工艺适应性强，各类基地都可以采用。块体可以实行工厂化生产，易于实现规格化、标准化、系列化批量生产；实行配套供应，可以节省材料、降低成本。

（3）混合施工

混合施工是块体砌筑与现浇施工相结合的施工方法。如池底、池墙用混凝土浇筑，拱顶用砖砌；池底浇注，池墙砖砌，拱顶支模浇注等。

为方便初学者理解，在此重点介绍一种10立方米水泥混凝土现场浇注沼气池的施工过程。

沼气池的修建应选择背风向阳，土质坚实，沼气池与猪圈厕所相结合的适当位置。

第一，在选好的建池位置，以1.9米为半径画圆，垂直下挖1.4米，圆心不变，将半径缩小到1.5米再画圆，然后再垂直下挖1米即为池墙高度。池底要求周围高、中间低，做成锅底形。同时，将出料口处挖开，出料口的长、宽、高不能小于0.6米，以便于进、出人。最后沿池底周围挖出下圈梁（高、宽各0.05米）。

池底挖好后即可进行浇注，建一个10立方米的沼气池约需沙子2立方米、石子2立方米、水泥2 120千克、砖500块（搭模用）。配制150号混凝土，在挖好的池底上铺垫厚度0.05米的混凝土，充分拍实。表面抹1∶2的水泥沙灰，厚度0.005米。

第二，池底浇注好，人可稍事休息，然后在池底表面覆盖一层塑料布，周围留出池墙厚度0.05米，塑料布上填土，使池底保持平面。池墙的浇筑方法是以墙土壁做外模、砖做内模，砖与土墙之间留0.05米的空隙，填150号混凝土边填边捣实。出料口以上至圈梁部位池墙高0.4米，厚0.2米，浇注时接口处要加入钢筋。进料管可采用内径20厘米的缸瓦管或水泥管。进料管距池底0.2～0.5米，可以直插也可以斜插，但与拱顶接口处一定要严格密封。

第三，拱顶的浇注采用培制土模的方法。先在池墙周围用砖摆成高0.9米的花砖，池中心用砖摆成直径0.5米、高1.4米的圆筒，然后用木椽搭成伞状，木椽上铺玉米秸或麦草，填土培成馒头形状，土模表面要拍平拍实。配制200号混凝土，饱满和浇筑时先在土模表面抹一层湿沙做隔离层，以便于拆模，浇注厚度0.05米。拱顶浇筑完后，将导气管一端用纸团塞住并插入拱顶，导气管应选用内径8～10毫米的铜管。

第四，水压间的施工同样采用砖模，水压间长1.4米、宽0.8米、深0.9米，容积约1立方米，水压箱上方约0.1米处留出溢流孔，用塑料管接通到猪舍外的储粪池内。

至此，沼气池第一期工程进入保养阶段。采用硅酸盐水泥拌制混凝土需连续潮湿养护7昼夜。

第五，池内装修。沼气池养护好后，从水压间和出料口处开始拆掉砖模，清理池内杂物，按七层密封方法（三灰四浆）进行池内装修。为达到曲流布料的目的，池内设置分流板两块，每块长0.7米、宽0.3米、厚0.03米，可事先预制好，也可以用砖砌。分流板距进料口0.4米，两块分流板之间的距离为0.06米、夹角120度，用水泥沙灰固定在池底。池内装修完后，养护5～7天，即可进行试水、试气。

4.试水试气检查质量

除了在施工过程中，对每道工序和施工的部分要按相关标准中规定的技术要求检查外，池体完工后，应对沼气池各部分的几何尺寸进行复查，池体内表面应无蜂窝、麻面、裂纹、砂眼和空隙，无渗水痕迹等明显缺陷，粉刷层不得有空壳或脱落。在使用前还要对沼气池进行检查，最基本和最主要的检查是看沼气池有没有漏水、漏气现象。检查的方法有两种：一种是水试压法；另一种是气试压法。

（1）水试压法

即向池内注水，水面至进出料管封口线水位时可停止加水，待池体湿透后标记水位线，观察12小时。当水位无明显变化时，表明发酵间进出料管水位线以下不漏水，才可进行试压。

试压前，安装好活动盖，用泥和水密封好，在沼气出气管上接上气压表后继续向池内加水，当气压表水柱差达到10千帕（1 000毫米水柱）时，停止加水，记录水位高度，稳压24小时，如果气压表水柱差下降在0.3千帕（300毫米水柱）内，符合沼气池抗渗性能。

（2）气试压法

第一步与水试压法相同。在确定池子不漏水之后，将进、出料管口及活动盖严格密封，装上气压表，向池内充气，当气压表压力升至8千帕时停止充气，并关好开关。稳压观察24小时，若气压表水柱差下降在0.24千帕以内，沼气池符合抗渗性能要求。

（五）户用沼气池建造与启动管理技术要点

怎样建好、管好和用好沼气池是当前推广和应用沼气的关键环节。现根据多年基层工作实践，提出如下建造与启动管理技术要点。

1. 沼气池建造技术要点

沼气池的建造方式很多，要根据国家标准结合当地气候条件和生产条件建造，关键技术要注意以下几点：

（1）选址

沼气池的选址与建设质量和使用效果有很大关系，如果池址选择不当，会对池体寿命和以后的正常运行、管理以及使用效果造成影响。一般要选择在院内厕所和养殖圈的下方，利于"一池三改"，并且要求土质坚实，底部没有地窖、渗井、虚土等隐患，距厨房要近。

（2）池容积的确定

户用沼气池由于采用常温发酵方式，冬季相对湿度低产气量小，要以冬季保证能做三顿饭和照明取暖为基本目标，根据当地气候条件与采取的一般保温措施相结合来确定建池容积大小，通过近年实践，豫北地区以10 ~ 15立方米大小为宜。

（3）主体要求

一般要求主体高1.25 ~ 1.5米，拱曲率半径为直径的0.65 ~ 0.75倍。另外还要求底部为锅底形。

（4）留天窗口并加盖活动盖

无论何种类型及结构的沼气池均应采用留天窗口并加盖活动盖的建造方式，否则，将会给管理应用带来很多不便，甚至影响到池的使用寿命。天窗口一般要留在沼气池顶部中间，直径60～70厘米，活动口盖应在地表30厘米以下，以防冬季受冻结冰。

（5）对进料管与出料口的要求

进料管与出料口要求对称建造，进料管直径不小于30厘米，管径太细容易产生进料堵塞和气压大时喷料现象；出料口一般要求月牙槽式底层出料方式，月牙槽高60～70厘米，宽50厘米左右。

（6）水压间

户用沼气池不能太小，小了池内沼气压力不实，要求水压间应根据池容积而定，其大小容积一般是主体容积×0.3÷2，即建一个10立方米的沼气池，水压间容积应为10×0.3÷2=1.5立方米。

（7）密封剂

沼气池密封涂料是要保证沼气池质量的一项必不可少的重要材料，必须按要求足量使用密封涂料。要求选用正规厂家生产的密封胶，同时，要求密封剂要具备密封和防腐蚀两种功能。

（8）持证上岗，规范施工

沼气生产属特殊工程，需要由国家"沼气工"持证人员按要求建池，才能够保证结构合理，质量可靠，应用效果好。不能够为省钱，图方便，私自乱建，否则容易走弯路，劳民伤财。

2. 沼气池的启动与管理技术

沼气池建好后必须首先试水、试气，检查质量合格后，才能启动使用。

（1）对原料的要求

新建沼气池最好选用牛、马粪作为启动原料，牛、马粪适当掺些猪粪或人粪便也可，但不能直接用鸡粪启动。牛、马粪原料要在地上盖塑料膜，高温堆沤5～7天，然后按池容积80%的总量配制启动料液，料液浓度以10%左右为宜，同时，还要添加适量的坑塘污泥或老沼气池底部的沉渣作为发酵菌种同时启动。

（2）对温度要求

沼气池启动温度最好在20～60℃，温度低于10℃就无法启动了。所以，户用沼气池一般不要在冬季气温低时启动，否则，会使料液酸化变质，很难启动成功。

（3）对料液酸碱度的要求

沼气菌适用于在中性或微碱性环境中启动，过酸过碱均不利于启动产气。所以，料液保持在中性，即pH值在7左右。

（4）投料后管理

进料3～5天后，观察有气泡产生，要密封沼气池，当气压表指针到4时，先放一次气，当指针恢复到4时，可进行试火，试火时先点火柴，再打开开关，在沼气灶上试火。如果点不着，继续放掉杂气，等气压表再达到4个压力时，再点火，当气体中甲烷含量达到30%以上时，就能点着火了，说明沼气池开始正常工作了。

（5）正常管理

沼气池正常运行后，第一个月内，每天从水压间提料液3～5桶，再从进料管处倒进沼气内，使池内料液循环流动，这段时间一般不用添加新料。待沼气产气高峰过后，一般过2个月后，要定期进料出料，原则上出多少进多少，平常不要大进大出。在寒冷季节到来前即每年的11月，可进行大换料一次，要换掉料液的50%～60%，以保证冬季多产气。

另外，还要勤搅拌，可扩大原料和细菌的接触面积，打破上层结壳，使池内温度平衡。

（6）采取覆盖保温措施

冬季气温低，要保证正常产气就要注意沼气池上部采取覆盖保温措施，可在上部覆盖秸秆或搭塑料布暖棚。

（7）注意事项

沼气池可以进猪、牛、鸡、羊等畜禽粪便和人粪尿，要严禁洗涤剂、电池、杀菌剂类农药、消毒剂和一些辛辣蔬菜老梗等物质进入，以免影响发酵产气。

六、输气管道的选择与输气管道的安装

（一）输气管道的布置原则与方法

①沼气池至灶前的管道长度一般不应超过30米。

②当用户有两个沼气池时，从每个沼气池可以单独引出沼气管道，平行敷设，也可以用三通将两个沼气池的引出管接到一个总的输气管上再接向室内（总管内径要大于支管内径）。

③庭院管道一般应采取地下敷设，当地下敷设有困难时亦可采用沿墙或架空敷设，但高度不得低于2.5米。

④地下管道埋设深度南方应在0.5米以下，北方应在冻土层以下。所有埋地管道均应外加硬质套管（铁管、竹管等）或砖砌沟槽，以免压毁输气管。

⑤管道敷设应有坡度，一般坡度为1%左右。布线时使管道的坡度与地形相适应，在管道的最低点应安装气水分离器。如果地形较平坦，则应将庭院管道坡向沼气池。

⑥管道拐弯处不要太急，拐角一般不应小于120度。

（二）检查输气管路是否漏气的方法

输气管道安装后还应检查输气管路是否漏气，方法是将连接灶具的一端输气管拔下，把输气管接灶具的一端用手堵严，沼气池气箱出口一端管子拔开，向输气管内吹气或打气，"U"形压力表水柱达30厘米以上，迅速关闭沼气池输送到灶具的管路之间的开关，观察压力是否下降，2～3分钟后压力不下降，则输气管不漏气，反之则漏气。

（三）注意安装气水分离器和脱硫器

沼气灶具燃烧时输气管里有水泡声，或沼气灯点燃后经常出现一闪一闪的现象，这种情况的原因是沼气中的水蒸气在管内凝聚或在出料时因造成负压，将压力表内的水倒吸入输气导管内，严重时，灯、灶具会点不着火。在输气管道的最低处安装一个水气分离器就可解决这个问题。

由于沼气中含有以硫化氢为主的有害物质，在作为燃料燃烧时它危害人体健康，并对管道阀门及应用设备有较强的腐蚀作用。目前，国内大部分用户均未安装脱硫器，已造成严重后果。为减轻硫化氢对灶具及配套用具的腐蚀损害，延长设备使用寿命，保证人身体健康，必须安装脱硫器。

目前，脱硫的方法有湿法脱硫和干法脱硫两种。干法脱硫具有工艺简单、成熟可靠、造价低等优点，并能达到较好的净化程度。当前家用沼气脱疏基本上采用这个方法。

干法脱硫上是应用脱硫剂脱硫，脱硫剂有活性炭、氧化锌、氧化锰、分子筛及氧化铁等，从运转时间、使用温度、公害、价格等综合考虑，目前采用最多的脱硫剂是氧化铁（Fe_2O_3）。

简易的脱硫器材料可选玻璃管式、硬塑料管式均可，但不能漏气。

七、沼气灶具、灯具的安装及使用

（一）沼气灶的构造

沼气灶一般由喷射器（喷嘴）、混合器、燃烧器三部分组成。喷射器起喷射沼气的作用。当沼气以最快的速度从喷嘴射出时，引起喷嘴周围的空气形成低压区，在喷射的沼气气流的作用下，周围的空气被沼气气流带入混合器。混合器的作用是使沼气和空气能充分地混合，并有降低高速喷入的混合气体压力的作用。燃烧器由混合器和分配燃烧火孔两部分构成。分配室使用沼气和空气进一步混合，并起稳压作用。燃烧火孔是沼气燃烧的主要部位，火孔的分布均匀，孔数要多些。

（二）沼气灯的结构

沼气灯是利用沼气燃烧使纱罩发光的一种灯具。正常情况下，它的亮度相当于60～100瓦的电灯。

沼气灯由沼气喷管、气体混合室、耐火泥头、纱罩、玻璃灯罩等部分构成。沼气灯的使用方法：沼气灯接上耐火泥头后，先不套纱罩，直接在耐火泥头上点火试烧。如果火苗呈淡蓝色，而且均匀地从耐火泥头喷出来，火焰不离开泥头，表明灯的性能良好。关掉沼气开关，等泥头冷却后绑好纱罩，即可正常使用。新安装的沼气灯第一次点火时，要等沼气池内压力达到784.5帕（80厘米水柱）时再点。新纱罩点燃后，通过调节空气配比，或从底部向纱罩微微吹气，使光亮度达到白炽。

在日常使用沼气灯时还应注意以下两点：一是在点灯时切不可打开开关后迟迟不点，这会使大量的沼气跑到纱罩外面，一旦点燃，火苗会烧伤人手，严重的还会烧伤人的面部。二是因损坏而拆换下来的纱罩要小心处理，燃烧后的纱罩含有二氧化钍，是有毒的。手上如果沾到纱罩灰粉要及时洗净，不要弄到眼睛里或沾到食物上误食中毒。

第三节　沼气的综合利用技术

一、沼气的利用

沼气在农村的用途很广，其常规用途主要是炊事照明，随着科技的进步和沼气技术的完善，沼气的应用范围越来越广，目前已在许多方面发挥了效应。

（一）沼气炊事照明

沼气在炊事照明方面的应用是通过灶具和灯具来实现的。

1. 沼气灶的类型

沼气灶按材料分有铸铁灶、搪瓷面灶、不锈钢面灶；按燃烧器的个数分有单眼灶、双眼灶。按燃料的热流量（火力大小）分有8.4兆焦/时、10.0兆焦/时、11.7兆焦/时，最大的有42兆焦/时。

按使用类别分为户用灶、食堂用中餐灶、取暖用红外线灶；按使用压力分为800帕和1 600帕两种，铸铁单灶一般使用压力为800帕，不锈钢单、双眼灶一般采用1 600帕压力。

沼气是一种与天然气较接近的可燃混合气体，但它不是天然气，不能用天然气灶来代替沼气灶，更不能用煤气灶和液化气的灶改装成沼气灶用。因为，各种燃烧器有自己的特性，例如它可燃烧的成分、含量、压力、着火速度、爆炸极限等都不同。而灶具是根据燃烧器的特性来设计的，所以，不能混用。沼气要用沼气灶才能达到最佳效果，保证使用安全。

2. 沼气灶的选择

根据自己的经济条件和沼气池的大小及使用需要来选择沼气灶。如果沼气池较大、产气量大，可以选择双眼灶。如果池子小，产气量少，只用于一日三餐做饭，可选用单眼灶。目前，较好的是自动点火不锈钢灶面灶具。

3. 沼气灶的应用

先开气后点火，调节灶具风门，以火苗蓝里带白、急促有力为佳。

我国农村家用水压式沼气池其特点是压力波动大，早晨压力高，中午或晚上由于用气后压力会下降。在使用灶具时，应注意控制灶前压力。目前沼气灶的设计压力为800帕和1 600帕（即80毫米水柱和160毫米水柱）两种，当灶前压力与灶具设计压力相近时，燃烧效果最好。而当沼气池压力较高时，灶前压力也同时增高而大于灶具的设计压力时，热负荷虽然增加了（火力大），但热效率却降低了（沼气却浪费了），这对当前产气率还不太大的情况下是不划算的。所以在沼气压力较高时，要调节灶前开关的开启度，将开关关小一点控制灶前压力，从而保证灶具具有较高的热效率，以达到节气的目的。

由于每个沼气池的投料数量、原料种类及池温、设计压力的不同，所产沼气的甲烷含量和沼气压力也不同，因此，沼气的热值和压力也在变化。沼气燃烧需要5～6倍空气，所以调风板（在沼气灶面板后下方）的开启度应随沼气中甲烷含量的多少进行调节。当甲烷含量多时（火苗发黄时），可将调风板开大一些，使沼气得到完全燃烧，以获得较高的热效率。当甲烷含量少时，将调风板关小一些。因此，要通过正确掌握火焰的颜色、长度来调节风门的大小。但千万不能把调风板关死，这样火焰虽较长而无力，一次空气等于零，而形成扩散式燃烧，这种火焰温度很低，燃烧极不完全，并产生过量的一氧化碳。根据经验，调风板开启度以打开3/4为宜（火焰呈蓝色）。

灶具与锅底的距离，应根据灶具的种类和沼气压力的大小而定，过高过底都不好，合适的距离应是灶火燃烧时"伸得起腰"，有力，火焰紧贴锅底，火力旺，带有响声，在使用时可根据上述要求调节适宜的距离。一般灶具灶面距离锅底以2～4厘米为宜。

沼气灶在使用过程中火苗不旺可从以下几个方面找原因：第一，沼气池产气不好，压力不足；第二，沼气中甲烷含量少，杂气多；第三，灶具设计不合理，灶具质量不好。如灶具在燃烧时，带入空气不够，沼气与空气混合不好不能充分燃烧；第四，输气管道太细、太长或管道阻塞导致沼气流量过小；第五，灶面离锅底太近或太远；第六，沼气灶内没有废气排出孔，二氧化碳和水蒸气排放不畅。

4. 沼气灯的应用

沼气灯是通过灯纱罩燃烧来发光的，只有烧好新纱罩，才能延长其使用寿命。其烧制方法是先将纱罩均匀地捆在沼气灯燃烧头上，把喷嘴插入空气孔的下沿，通沼气将灯点燃，让纱罩全部着火燃红后，慢慢地升高或后移喷嘴，调节空气的进风量，使沼气、空气配合适当，猛烈点燃，在高温下纱罩会自然收缩最后发生乓的一声响，发出白光即成。烧新纱罩时，沼气压力要足，烧出的纱罩才饱满发白光。

为了延长纱罩的使用寿命，使用透光率较好的玻璃灯罩来保护纱罩，以防止飞蛾等昆虫撞坏纱罩或风吹破纱罩。

沼气灯纱罩是用人造纤维或苎麻纤维织成需要的罩形后，在硝酸钍的碱溶液中浸泡，使纤维上吸满硝酸钍后晾干制成的。纱罩燃烧后，人造纤维就被烧掉了，剩下的是一层二氧化钍白色网架，二氧化钍是一种有害的白色粉末，它在一定温度下会发光，但一触就会粉碎。所以，燃烧后的纱罩不能用手或其他物体去触击。

5. 使用沼气灯、灶具时，应注意的安全事项

第一，沼气灯、灶具不能靠近柴草、衣服、蚊帐等易燃物品。特别是草房，灯和房顶结构之间要保持1～1.5米的距离。第二，沼气灶具要安放在厨房的灶面上使用，不要在床头、桌柜上煮饭烧水。第三，在使用沼气灯、灶具时，应先划燃火柴或点燃引火物，再打开开关点燃沼气。如将开关打开后再点火，容易烧伤人的面部和手，甚至引起火灾。第四，每次用完后，要把开关扭紧，不使沼气在室内扩散。第五，要经常检查输气管和开关有无漏气现象，如输气管被鼠咬破、老化而发生破裂，要及时更新。第六，使用沼气的房屋，要保持空气流通，如进入室内，闻有较浓的臭鸡蛋味（沼气中硫化氢的气味），应立即打开门窗，排除沼气。这时，绝不能在室内点火吸烟，以免发生火灾。

6. 使用沼气设备时常见的故障及排除方法

沼气灶、沼气灯、热水器等产品有国家标准和行业标准控制质量，保护沼气用户的权益。购买灶、灯及配套的管道、阀门、开关等配件一定要注意质量，尤其输气管线不能用再生塑料。

（二）沼气取暖

沼气在用于炊事照明的同时，产生温度可以取暖外，还可用专用的红外线炉取暖。

（三）沼气增温增光增气肥

沼气在北方"四位一体"的温室内通过灶具、灯具燃烧可转化成二氧化碳，在转化过程的同时，增加了温室内的温度、光照和二氧化碳气肥。

1. 应掌握的技术要点

①增温增光。主要通过点燃沼气灶、灯来解决，适宜燃烧时间为凌晨5：30～8：30。

②增供二氧化碳。主要靠燃烧沼气，适宜时间应安排在凌晨6：00 ～ 8：00。注意放风前30分钟应停止燃烧沼气。

③温室内按每50平方米设置一盏沼气灯，每100平方米设置一台沼气灶。

2. 注意事项

①点燃沼气灶、灯应在凌晨气温较低（低于30℃）时进行。

②施放二氧化碳后，水肥管理必须及时跟上。

③不能在温棚内堆沤发酵原料。

④当1 000立方米的日光温室燃烧1.5立方米的沼气时，沼气需经脱硫处理后再燃烧，以防有害气体对作物产生危害。

（四）沼气作动力燃料

沼气的主要成分是甲烷，它的燃点是814℃，而柴油机压缩行程终了时的温度一般只有700℃，低于甲烷的燃点。由于柴油机本身没有点火装置，因此，在压缩行程上止点前不能点燃沼气。用沼气作动力燃料在目前大部分是采用柴油引燃沼气的方法，使沼气燃烧（即柴油—沼气混合燃烧），简称油气混烧。油气混烧保留了柴油机原有的燃油系统，只在柴油机的进气管上装一个沼气—空气混合器即可。在柴油机进气行程中，沼气和空气在混合器混合后进入气缸，在柴油机压缩行程上止点前喷油系统自动喷入少量柴油（引燃油量）引燃沼气，使之做功。

柴油机改成油气混烧保留了原机的燃油系统。压缩比喷油提前角和燃烧室均未变动，不改变原机结构，所以，不影响原机的工作性能。当没有沼气或沼气压力较低时，只要关闭沼气阀，即可成为全柴油燃烧，保持原机的功率和热效率。

据测定，油气混烧与原机比较，一般可节油70% ～ 80%，每0.735千瓦（1马力）1小时要耗沼气0.5立方米。如S195型柴油机即8.88千瓦（12马力），1小时要耗用6立方米沼气。

（五）沼气灯光诱蛾

沼气灯光的波长在300 ～ 1 000纳米，许多害虫对于300 ～ 400纳米的紫外光线有较大的趋光性。夏、秋季节，正是沼气池产气和多种害虫成虫发生的高峰期，利用沼气灯光诱蛾，以供鸡、鸭采食并捕杀害虫，可以一举多得。

1. 技术要点

①沼气灯应吊在距地面或水面80 ～ 90厘米处。

②沼气灯与沼气池相距30米以内时，用直径10毫米的塑料管作沼气输气管，超过30米远时应适当增大输气管道的管径。也可在沼气输气管道中加入少许水，产生气液局部障

碍，使沼气灯工作时产生忽闪现象，增强诱蛾效果。

③幼虫喂鸡、鸭的办法。在沼气灯下放置一只盛水的大木盆，水面上滴入少许食用油，当害虫大量涌来时，落入水中，被水面浮油粘住翅膀死亡，以供鸡鸭采食。

④诱虫喂鱼的办法。离塘岸2米处，用3根竹竿做成简易三脚架，将沼气灯固定。

2. 注意事项

诱蛾时间应根据害虫前半夜多于后半夜的规律，掌握在天黑至午夜24：00为宜。

（六）沼气储粮

利用沼气储粮，造成一种窒息环境，可有效抑制微生物生长繁殖，杀死粮食中害虫，保持粮食品质，还可避免常规粮食储藏中的药剂污染。据调查，采用此项技术可节约粮食贮藏成本60%，减少粮食损失12%以上。

1. 技术要点

方法步骤：清理储粮器具、布置沼气扩散管、装粮密封、输气、密闭杀虫。

（1）农户储粮

建仓：可用大缸或商品储仓，也可建1～4立方米小仓，密闭。

布置沼气扩散管：缸用管可采用沼气输气管烧结一端，用烧红的大头针刺小孔若干，置于缸底；仓式储粮需制作"十"字或"丰"字形扩散管，刺孔，置仓底。

装粮密封：包括装粮、装好进出气管、塑膜密封等。

输入沼气：每立方米粮食输入沼气1.5立方米，使仓内氧含量由20%下降到5%（检验以沼气输出管接沼气炉能点燃为宜）。

密封后输气：密封4天后，再次输入1次沼气，以后每15天补充1次沼气。

（2）粮库储粮

粮库储粮由粮仓、沼气进出系统、塑料薄膜密封材料组成。

扩散管等的设置：粮仓底部设置"十"字形、中上部设置"丰"字形扩散管，扩散管达到粮仓边沿。扩散管主管用10毫米塑管，支管用6毫米塑管，每隔30毫米钻1孔。扩散管与沼气池相通，其间设节门，粮仓周围和粮堆表面用0.1～0.2毫米的塑料薄膜密封，并安装好测温度和湿度线路。粮堆顶部设一小管作为排气管，并与氧气测定仪相连。

密闭通气：每立方米粮食输入1.5立方米沼气至氧气含量下降到5%以下停止输气，每隔15天补充1次气。

2. 注意事项

①常检查是否漏气，严禁粮库周围吸烟、用火。

②电器开关须安装于库外。

③沼气池产气量要与通气量配套。

④储粮前应尽量晒干所储粮食，并与储粮结束后及时翻晒。

⑤输气管中安装集水器或生石灰过滤器，及时排出管内积水。

⑥注意人员安全。人员进入储库前必须充分通风（打开门窗），并有专人把守库外，发现异常及时处理。

（七）沼气水果保鲜

沼气气调贮藏就是在密封的条件下，利用沼气中甲烷和二氧化碳含量高、含氧量及少、甲烷无毒的性质和特点，来调节贮藏环境中的气体成分，造成一种高二氧化碳和低氧的状态，以控制贮果的呼吸强度，减少贮藏过程中的基质消耗，并防治虫、霉、病、菌危害，达到延长贮藏时间及保持良好品质的目的。

生产中应根据实际需要来确定贮果库、沼气池的容积，以确保保鲜所需沼气，建贮果库时要考虑通风换气和降温工作，并做好预冷散热和果库及用具的杀菌消毒工作，充气时要充足，换气时要彻底。一般贮果库应建在距沼气池30米以内，以地下式或半地下式为好，储库容积30立方米，面积10～15立方米，设储架4层，一次储果3 000～5 000千克，顶部留有60厘米×60厘米的天窗。

1. 柑橘贮藏保鲜

（1）技术要点

采果与装果：待柑橘成熟80%～90%时，晴天、露水干后用剪刀剪果，轻摘轻放；选择无损、无病虫害、大小均匀果装篓，放干燥、阴凉、通风处1～2天后入库。

①库储：

入库。入库前内清洁消毒，连接输气管与扩散管，装果封库，注意密封、留排气孔、观察孔。

输气。入库一周后输入经脱硫处理的沼气，时间20～60分钟，每次每立方米库容输入11～18升沼气；储藏前期沼气输入量可少些，气温增高时可适当加大输入沼气量。

换气与排湿。柑橘储藏的最佳湿度90%～98%，温度4～15℃；每3天补充1次沼气，温度过高时通风。换气时，可先打开库门、天窗及排气管通风，然后关闭库门、天窗及排气管，按标准输入新鲜沼气；若湿度不够，可与通风结束时，向库内地面喷适量的水。

翻果。入库一周后与输入沼气前翻果1次，结合换气均应翻果1次；翻果时，将上、下层果的位置进行调换，同时，将烂果剔除。

出库。库储一般可保鲜120天左右，储后出库。

②袋储：

选袋。选用完好不漏气塑料袋，大小以每袋盛10千克柑橘为宜。

采果。柑橘采摘并经过前处理后，存放于阴凉处2天。

装袋。将沼气输气管出气口放入塑料保鲜袋底部，并依次轻轻放入柑橘，每袋不宜超过10千克；装满后，打开开关输入沼气，直至闻到沼气气味为止，关闭开关，抽出输气管，并用塑料绳扎紧袋口，做到不漏气。

存放。在室内地面铺放一层厚5～8厘米稻草或麦秆，将柑橘保鲜袋平放在上面，或置于楼地面。

管理。入库一周后，应逐袋检查1次，查看塑料袋是否漏气，内层是否凝有水珠，是否有烂果。如有漏气，可查找漏气部位，并用胶带纸密封。如有水珠，可放入干燥的纸屑或稻草吸水，待水珠消失后去除。发现烂果及时剔除，处理完后再次输入沼气，出库。袋储一般可保鲜90天左右，好果率达95%以上，失重率为1%～2%。

（2）注意事项

①严禁储藏室内吸烟、点火。②电灯照明，开关应安装在室外。③出库前，先通风1～2天。④采用袋储，不可层层叠放，以免压坏果实（每星期至少检查1次，每20天通沼气1次）。⑤储藏期间或储藏结束后有关人员进入储库前必须充分通风，并进行动物实验。试验方法为将小动物移入储库，观察5分钟后取出，根据动物状态决定人员能否安全进入（如动物健康如初，则可进入；否则，不宜进入，并进一步通风）。

2. 山楂贮藏保鲜

山楂入库后，白天关闭门窗，晚间开窗通风降温，连续3～4天，待室内温度基本稳定后进行充气。具体方法是采取充气3天，停3天，打开门窗通风换气，降温3夜，反复到1个月，然后随环境温度的变化，采取"充气3天，停5天，通风2天"；到3～4个月时，则采取"充气4天，停7～10天，通风换气1天"，4个月后好果率为84%。

二、沼液的利用

（一）沼液做肥料

腐熟的沼液中含有丰富的氨基酸、生长素和矿质营养元素，其中全氮含量0.03%～0.08%，全磷含量0.02%～0.07%，全钾含量0.05%～1.4%，是很好的优质速效肥料。可单施，也可与化肥、农药、生长剂等混合施。可作种肥、追肥和叶面喷肥。

1. 作种肥浸种

沼液浸种能提高种子发芽率、成苗率，具有壮苗保苗作用。其原因已知道的有以下三个方面：一是营养丰富。腐熟的沼气发酵液含有动植物所需的多种水溶性氨基酸和微量元素，还含有微生物代谢产物，如多种氨基酸和消化酶等各种活性物质。用于种子处理，具有催芽和刺激生长的作用。同时，在浸种期间，钾离子、铵离子、磷酸根离子等都会因渗透作用不同程度地被种子吸收，而这些养分在秧苗生长过程中，可增加酶的活性，加速养分运转和代谢过程。二是有灭菌杀虫作用。沼液是有机物在沼气池内厌氧发酵的产物。由于缺氧、沉淀和大量铵离子的产生，使沼液不会带有活性菌和虫卵，并可杀死或抑制中表面的病菌和虫卵。三是可提高作物的抗逆能力，避免低温影响。种子经过浸泡吸水后，即从休眠状态进入萌芽状态。春季气温忽高忽低，按常规浸种育秧法，往往会对种子正常的生理过程产生影响，造成闷芽、烂秧，而采用沼液浸种，沼气池水压间的温度稳定在8～10℃，基本不受外界气温变化的影响，有利于种子的正常萌发。

（1）技术要点

小麦：在播种前1天进行浸种，将晒过的麦种在沼液中浸泡12小时，去除种子袋，用清水洗净并将袋里的水沥干，然后把种子摊在席子上，待种子表面水分晾干后即可播种。如果要催芽的，即可按常规办法催芽播种。

玉米：将晒过的玉米种装入塑料编织袋内（只装半袋），用绳子吊入出料间料液中部，并拽一下袋子的底部，使种子均匀松散于袋内，浸泡24小时后取出，用清水洗净，沥干水分，即可播种。此法比干种播种增产10%～18%。

甘薯与马铃薯：甘薯浸种是将选好的薯种分层放入清洁的容器内（桶、缸或水泥池），然后倒入沼液，以淹过上层薯种6厘米左右为宜。在浸泡过程中，沼液略有消耗，应及时添加，使之保持原来液面高度。浸泡2小时后，捞出薯种，用清水冲洗后，放在草席上，晾晒半小时左右，待表面水分干后，即可按常规方法排列上床育苗。该法比常规育苗提高产芽量30%左右，沼液浸种的壮苗率达99.3%，平均百株重为0.61千克；而常规浸种的壮苗率仅为67.7%，平均百株重0.5千克。马铃薯浸种也是将选好的薯种分层放入清洁的容器内，取正常沼液浸泡4小时，捞出后用清水冲洗净，然后催芽或播种。

早稻：浸种沼液24小时后，再浸清水24小时；对一些抗寒性较强的品种，浸种时间适当延长，可用沼液浸36小时或48小时，然后清水浸24小时；早稻杂交品种由于其呼吸强度大，因此宜采用间歇法浸种，即浸6小时后提起用清水沥干（不滴水为止），然后再浸，连续重复做，直到浸够要求时间为止。

浸棉花种防治枯萎病。沼液中含有较高浓度的氨和铵盐。氨水能使棉花枯萎病得到抑制。沼液中还含有速效磷和水溶性钾。这些物质比一般有机肥含量高，有利于棉株健壮生长，增强抗病能力，沼液防治棉花枯萎病效果明显，而且可以提高产量，同时，既节省了农药开支，又避免了环境污染。

其方法是用沼液原液浸棉种，浸后的棉种用清水漂洗一下，晒干再播，其次用沼液原液分次灌溉，每667平方米用沼液5 000～7 500千克为宜。棉花现蕾前进行浇灌效果最佳。一般防治要达52%左右，死苗率下降22%左右。棉花枯萎病发病高峰正是棉花现蕾盛期，因此，沼液灌蔸主要在棉花现蕾前进行，以利提高防治效果。据报道，一般单株成桃增加2个左右；棉花产量提高9%～12%；667平方米增皮棉11～17.5千克。

花生：一次浸4～6小时，清水洗净晾干后即可播种。

烟籽：时间3小时，取出后放清水中，轻揉2～3分钟，晾干后播种。

瓜类与豆类种子：一次浸2～4小时，清水洗净，然后催芽或播种。

（2）使用效果

①沼液比清水浸种水稻和谷种的发芽率能提高10%。②沼液比清水浸种水稻的成秧率能提高24.82%，小麦成苗率提高23.6%。③沼液浸种的秧苗素质好，秧苗增高、茎增粗、分蘖数目多，而且根多、子根粗、芽壮、叶色深绿，移栽后返青快、分蘖早、长势旺。④用沼液浸种的秧苗"三抗"能力强，基本无恶苗病发生，而清水没浸种的恶苗病发病率平均为8%。

（3）注意事项

①用于沼液浸种的沼气池要正常产气3个月以上。②浸种时间以种子吸足水分为宜，浸种时间不宜过长，过长种子易水解过度，影响发芽率。③沼液浸过的种子，都应用清水淘净，然后催芽或播种。④及时给沼气池加盖，注意安全。⑤由于地区、墒情、温度、农作物品种不同，浸种时间各地可先进行一些简单的对比试验后确定。⑥在产气压力低（50毫米水柱）或停止产气的沼气池水压间浸种，其效果较差。⑦浸种前盛种子的袋子一定要清洗干净。

2. 作追肥

用沼液作追肥一般作物每次每667平方米用量500千克，需对清水2倍以上，结合灌溉进行更好；瓜菜类作物可适当增加用量，两次追肥要间隔10天以上。果树追肥可按株进行，幼树一般每株每次可施沼液10千克，成年挂果树每株每次可施沼液50千克。

3. 叶面喷肥

①选择沼液。选用正常产气3个月以上的沼气池中腐熟液，澄清、纱布过滤并敞半天。

②施肥时期。农作物萌动抽梢期（分蘖期），花期（孕穗期、始果期），果实膨大期（灌浆结实期），病虫害暴发期。每隔10天喷施1次。

③施肥时间。上午露水干后（10：00左右）进行，夏季傍晚为宜，中午高温及暴雨前不施。

④浓度。幼苗、嫩叶期1份沼液加1～2份清水；夏季高温，1份沼液加1份清水；气温较低，老叶（苗）时，不加水。

⑤用量。视农作物品种和长势而定，一般每667平方米40～100千克。

⑥喷洒部位。以喷施叶背面为主，兼顾正面，以利养分吸收。

⑦果树叶面追肥。用沼液作果树的叶面追肥要分三种情况。如果果树长势不好和挂果的果树，可用纯沼液进行叶面喷洒，还可适当加入0.5%的尿素溶液与沼液混合喷洒。气

温较高的南方应将沼液稀释，以100千克沼液对200千克清水进行喷洒。如果果树的虫害很严重，可按照农药的常规稀释量，加入防止不同虫害的不同农药配合喷洒。

（二）沼液防虫

1. 柑橘螨、蚧和蚜虫

沼液50千克，双层纱布过滤，直接喷施，10天1次；发虫高峰期，连治2～3次。若气温在25℃以下，全天可喷；气温超过25℃，应在17：00以后进行。如果在沼液中加入1/3 000～1/1 000的灭扫利，灭虫卵效果尤为显著，且药效持续时间30天以上。

2. 柑橘黄、红蜘蛛

取沼液50千克，澄清过滤，直接喷施。一般情况下，红、黄蜘蛛3～4小时失活，5～6小时死亡98.5%。

3. 玉米螟

沼液50千克，加入2.5%敌杀死乳油10毫升，搅匀，灌玉米新叶。

4. 蔬菜蚜虫

每667平方米取沼液30千克，加入洗衣粉10克，喷雾。也可利用晴天温度较高时，直接泼洒。

5. 麦蚜虫

每667平方米取沼液50千克，加入乐果2.5克，晴天露水干后喷洒；若6小时以内遇雨，则应补治1次。蚜虫28小时失活，40～50小时死亡，杀灭率94.7%。

6. 水稻螟虫

取沼液1份加清水1份混合均匀，泼浇。

（三）沼液养鱼

1. 技术要点

①原理。将沼肥施入鱼塘，系为水中浮游动、植物提供营养，增加鱼塘中浮游动、植物产量，丰富滤食鱼类饵料的一种饲料转换技术。

②基肥。春季清塘、消毒后进行。每667平方米水面用沼渣150千克或沼液300千克均匀施肥。沼渣，可在未放水前运至大塘均匀撒开，并及时放水入塘。

③追肥。4～6月，每周每667平方米水面施沼渣100千克或沼液200千克；7～8月，每周每667平方米水面施沼液150千克；9～10月，每周每667平方米水面施沼渣100千克或沼液150千克。

④施肥时间。晴天8：00～10：00施沼液最好；阴天可不施；有风天气，顺风泼洒；闷热天气、雷雨来临之前不施。

2. 注意事项

①鱼类以花白鲢为主,混养优质鱼(底层鱼)比例不超过40%。

②专业养殖户,可从出料间连接管道到鱼池,形成自动溢流。

③水体透明度大于30厘米时每2天施1次沼液,每次每667平方米水面施沼液100 ~ 150千克,直到透明度回到25 ~ 30厘米后,转入正常投肥。

3. 配置颗粒饵料养鱼

利用沼液养鱼是一项行之有效的实用技术,但是如果技术使用不当或遇到特殊气候条件时,容易使水质污染,造成鱼因缺氧窒息而死亡,针对这一问题,用沼液、蚕沙、麦麸、米糠、鸡粪配成颗粒饵料喂鱼,则水不会受到污染,从而降低了经济损失。具体技术如下:

①原料配方。用沼液28%、米糠30%、蚕沙15%、麦麸21%、鸡粪6%。

②配制方法。蚕沙、麦麸、米糠、用粉碎机粉碎成细末,而后加入鸡粪再加沼液搅拌均匀晾晒,在7成干时用筛子格筛成颗粒,晒干保管。

③堰塘养鱼比例。鲢鱼20%、草鱼60%、鲤鱼15%、鲫鱼5%。撒放颗粒饵料要有规律性,每天7:00、17:00撒料为宜,定地点,定饵料。

④养鱼需要充足的阳光。颗粒饵料养鱼,务必选择阳光充足的堰塘,据测试,阳光充足,草鱼每天能增长11克,花鲢鱼增长8克;阳光不充足,草鱼每天只增长7克,花鲢增长6克。

⑤掌握加沼液的时间。配有沼液的饵料,含蛋白质较高,在200克以下的草鱼不适宜喂,否则,会引起鱼吃后腹泻。在200克重以上的鱼可添加沼液的饵料,但开始不宜过多,以后根据鱼大小和数量适当增加。最好将200克以下和200克以上的鱼分开,避免小鱼吃后腹泻。

该技术的关键是饵料配制、日照时间要长及掌握好添加沼液的时间。

(四)沼液养猪

1. 技术要点

①沼液采自正常产气3个月以上的沼气池。清除出料间的浮渣和杂物,并从出料间取中层沼液,经过滤后加入饲料中。

②添加沼液喂养前,应对猪进行驱虫、健胃和防疫,并把喂熟食改为喂生食。

③按牲猪体重确定每餐投喂的沼液量,每日喂食3 ~ 4餐。

④观察牲猪饲喂沼液后有无异常现象,以便及时处置。

⑤沼液日喂量的确定。

体重确定法:育肥猪体重从20千克开始,日喂沼液1.2千克;体重达40千克时,日喂沼液 2 千克；体重达 60 千克时，日喂沼液 3 千克；体重达 100 千克以上，日喂沼液 4 千克。若猪喜食，可适当增加喂量。

精饲料确定法：精饲料指不完全营养成分拌和料；沼液喂食量按每千克；体重达 100 千克以上，日喂食量按每千克饲料拌 1.5 ～ 2.5 千克为宜。

青饲料确定法：以青饲料为主的地区，将青饲料粉碎淘净放在沼液中浸泡，2 小时后直接饲喂。

2. 注意事项

①饲喂沼液。猪有个适应过程，可采取先盛放沼液让其闻到气味，或者饿 1 ～ 2 餐，从而增加食欲，将少量沼液拌入饲料等，3 ～ 5 天后，即可正常进行。猪体重 20 ～ 50 千克时，饲喂增重效果明显。

②严格掌握日饲喂量。如发现猪饲喂沼液后拉稀，可减量或停喂 2 天。所喂沼液一般须取出后搅拌或放置 1 ～ 2 小时让氨气挥发后再喂。放置时间可根据气温高低灵活掌握，放置时间不宜过长以防光解、氧化及感染细菌。

③沼液喂猪期间，猪的防疫驱虫、治病等应在当地兽医的指导下进行。

④池盖应及时还原。死畜、死禽、有毒物不得投入沼气池。

⑤病态的、不产气的和投入了有毒物质的沼气池中的沼液，禁止喂猪。

⑥沼液的酸碱度以中性为宜，即 pH 值在 6.5 ～ 7.5。

⑦沼液仅是添加剂，不能取代基础粮食，只有在满足猪日粮需求的基础上，才能体现添加剂的效果。

⑧添加沼液的养猪体重在 120 千克左右出栏，经济效果最佳。

三、沼渣的利用

（一）沼渣做肥料

1. 沼渣做底肥直接使用

由于沼渣含有丰富的有机质、腐殖酸类物质，因而应用沼渣作底肥不仅能使作物增产，长期使用，还能改变土壤的理化形状，使土壤疏松，容重下降，团粒结构改善。

用作旱地作物时，先将土壤挖松一次，将沼渣以每 667 平方米 2 000 千克，均匀撒播在土壤中，翻耕，耙平，使沼渣埋于土表下 10 厘米，半月后边可播种、栽培；用于水田作物时，要在第一次犁田后，将沼渣倒入田中，并犁田 3 ～ 4 遍，使土壤与沼渣混合均匀，10 天后便可播种、栽培。

2. 沼渣与碳酸氢铵配合使用

沼渣做底肥与化肥碳酸氢氨配合使用，不仅能减少化肥的用量，还能改善土壤结构，提高肥效。

方法：将沼渣从沼气池中取出，让其自然风干一周左右，以每667平方米使用沼渣500千克，碳铵10千克，如果缺磷的土壤，还需补施25千克过磷酸钙，将土壤或水田再耙一次。旱地还需覆盖10厘米厚泥土，以免化肥快速分解，其余施肥方法按照作物的常规施肥与管理。

3.制沼腐磷肥

先取出沼气池的沉渣，滤干水分，每50千克沼渣加2.5 ~ 5千克磷矿粉，拌和均匀，将混合料堆成圆锥形，外面糊一层稀泥，再撒一层细沙泥，不让开裂，堆放50 ~ 60天，便制成了沼腐磷肥。再将其挖开，打细，堆成圆锥形，在顶上向不同的方向打孔，每50千克沼腐磷肥加5千克碳酸氢铵稀释液，从顶部孔内慢慢灌入堆内，再糊上稀泥密封30天即可使用。

（二）沼渣种植食用菌（蘑菇）

1. 堆制培养料

蘑菇是依靠培养料中的营养物质来生长发育的，因此，培养料是蘑菇栽培的物质基础。用来堆置的培养料应选择含碳氮物质充分、质地疏松、富有弹性、能含蓄较多空气的材料，以利于好气性微生物的培养和蘑菇菌丝体吸收养分。如麦秸、稻草和沼渣。

以沼渣麦秸为原料，按1 : 0.5的配料比堆制培养料的具体操作步骤如下：

①铡短麦草。把不带泥土的麦草铡成3 ~ 4厘米的短草，收贮备用。

②晒干。打碎沼渣，选取不带泥土的沼渣晒干后打碎，再用筛孔为豌豆大的竹筛筛选。筛取的沼渣干粒收放屋内，不让雨淋受潮。

③堆料。把截短的麦草用水浸透发胀，铺在地上，厚度以15厘米为宜。在麦草上均匀铺撒沼渣干粒，厚约3厘米。照此程序，在铺完第一层堆料后，再继续铺放第二层、第三层。铺完第三层时，开始向料堆均匀泼洒沼气水肥，每层泼350 ~ 400千克，第四、第五、第六、第七层都分别泼洒相同数量的沼气水肥，使料堆充分吸湿浸透。料堆长3米，宽2.33米、高1.5米，共铺7层麦草7层沼渣，共用晒干沼渣约800千克，麦草400千克，沼气水肥2000千克左右，料堆顶部呈瓦背状弧形。

④翻草。堆料7天左右，用细竹竿从料堆顶部朝下插1个孔，把温度计从孔中放进料堆内部测温，当温度达到70℃时开始第一次翻草。如果温度低于70℃，应当适当延长堆料时间，待上升到70℃时再翻料，同时，要注意控制温度不超过80℃，否则，原料腐熟过度，会导致养分消耗过多。第一次翻料时，加入25千克碳酸氢铵、20千克钙镁磷肥、50千克油枯粉、23千克石膏粉。加入适量化肥，可补充养分和改变培养料的硬化性状；石膏可改变培养料的黏性和使其松散，并增加硫、钙矿质元素。翻料方法是：从料堆四周往中间翻，再从中间往外翻，达到拌和均匀。翻完料后，继续进行堆料，堆5 ~ 6天，则

测得料堆温度达到70℃时，开始第二次翻料。此时，用40%的甲醛水液（福尔马林）1千克，加水40千克，再翻料时喷入料堆消毒，边喷边拌，翻拌均匀。如料堆变干，应适当泼洒沼气水肥，泼水量以手捏滴水为宜；如料堆偏酸，就适当加石灰水，如呈碱性，则适当加沼气水肥，调节料堆的酸碱度从中性到微碱（pH值7 ~ 7.5）为宜。然后继续堆料3 ~ 4天，温度达到70℃时，进行第3次翻料。在这之后，一般再堆料2 ~ 3天，即可移入菌床使用。整个堆料和三次翻料共约18天。

2. 修建菇房和搭育菇床

蘑菇是一种好气性菌类，需要充足的氧气。蘑菇菌丝体的生长，需要20 ~ 25℃的适宜温度，蘑菇子实体的形成和发育，需要较高的温度；菌丝体和子实体对光线要求不严格，再散光和无光照条件下都能正常生长。因此，为了满足蘑菇生长发育所需的环境条件，修建菇房要做到通风换气良好，保温保湿性能强，冬暖夏凉，风吹不到菇床上，室内不易受到外界变化的影响，便于清洗、消毒。菇房的基地与床架要求坚固平整，便于操作。房内用竹木搭设3个菇床架，相互间隔0.7米，留作通道，以方便进房内操作。菇房四周不靠墙，每个菇床架长2.3米，高2.5米，床架上用细木杆铺设五层菇床，菇床的层间距离0.6米，最底层菇床离地面0.1米。在正对两个过道墙的中上部位，各开设3个长0.2米、宽0.18米的空气对流小窗，房顶部左右两侧各开1个通气孔。

3. 菇床消毒、装床播种和管理

（1）菇床消毒

用0.5千克甲醛水液加20千克水喷射房间地面、墙壁和菇架菇床，喷完后，取150千克敲碎的硫黄晶体装在碗内，碗上覆盖少量柏树枝和乱草，点燃后，封闭门窗熏蒸1 ~ 2个小时。3天后，喷洒高锰酸钾水溶液（20粒高锰酸钾晶体对水7.5千克），次日进行装床播种。

（2）装床播种

先在床上铺一层8 ~ 10厘米厚的培养料，接着用高锰酸钾水溶液将菌种瓶口消毒后揭开，再用干净的细竹签从菌瓶中钩出菌种，拌撒在干净的盆子内，然后在培养料上均匀地播上一层菌种，然后再铺上一层5厘米厚的培养料，使菌种夹在2层培养料之间。

（3）管理

覆土：播种后10天左右，菌丝体开始长出培养料的表面，这是要进行覆土，一般以土壤为好。先均匀地覆盖一层粒径1.6厘米左右的壤黄泥粗土，再均匀地覆上一层粒径0.6厘米左右的壤黄泥细土，使细土盖住粗土，以不露出粗土为宜，总厚度不超过5厘米。然后给土层喷水，温度保持在土能捏拢，不粘手，落地能散为宜。

温度和湿度：菌床温度适宜常温，20 ~ 25℃是菌丝体生长的最适宜温度。低于15℃菌丝体生长缓慢，高于30℃菌丝体生长稀疏、瘦弱，甚至受害。调节温度的办法是：温度高时，打开门窗通风降温；温度低时，关闭或暂时关闭1～2个空气对流窗。培养料的湿度为60%～65%，空气的相对湿度为80%～90%。调节湿度的办法是：每天给菌床适量喷水1～2次，湿度高时，暂停喷水并打开门窗通风排湿。

调节与补充营养：菌丝长的稀少时，用浓度为0.25毫克/千克的三十烷醇（植物生长调节剂）10毫升加水10千克喷洒菌床。当菌丝生长瘦弱时，用0.25千克葡萄糖加水40千克喷洒菌床。

加强检查：经常保持菇房的空气流通，避免光线直射菇床。

采收后的管理：每次摘完1次成熟蘑菇后，要把菇窝的泥土填平，以保持下一批蘑菇良好的生长环境。

4. 沼渣种蘑菇的优点

①取材广泛、方便、省工、省时、省料。

②成本低、效益高用沼渣种蘑菇，每平方米菇床成本仅1.22元，比用牛粪种蘑菇每平方米菇床的成本2.25元节省了1.03元，还节省了400千克秸草，价值18.40元。沼渣栽培蘑菇，一般提前10天左右出菇，蘑菇品质好，产量高。

③沼渣比牛粪卫生。牛粪在堆料过程中有粪虫产生，沼渣因经过沼气池厌氧灭菌处理，堆料中没有粪虫。用沼渣作培养料，杂菌污染的可能性小。

（三）沼渣养殖蚯蚓

1. 技术要点

（1）蚓床制作

室内养殖，分坑养、箱养、盆养三种。一般以坑养为宜，坑大小依养殖数量和室内大小而定。坑四周以砖砌水泥抹面为好，墙高35厘米以上，地面用水泥抹平或坚实土面亦可，以防蚯蚓逃逸。小规模养殖可采用大箱或瓦盆。室外养殖，可选择避风向阳地方挖坑养殖。坑呈长方形，深度不大于60厘米，一半在地下，一半在地面以上，四周用砖砌好，坑底用水泥抹平或坚实土面亦可。

（2）放养

沼渣捞出后，摊开沥干2天，然后与8∶2的铡碎稻草、麦秆、树叶、生活垃圾拌匀后平置坑内，厚度20～25厘米，均匀移入蚯蚓，保持65%湿度。

（3）管理

蚯蚓生活适宜温度为15～30℃，高温季节可洒水降温，室外养殖不可曝晒，应有必要庇荫设施。气温低于12℃时，覆盖稻草保暖，保持65%湿度。经常分堆，将大小蚯蚓分开饲养。

（4）防止伤害

预防天敌，如水蛭、蟾蜍、蛇、鼠、鸟、蚂蚁、螨等，避免农药、工业废气危害。

2. 注意事项

养殖场所遮光，不能随意翻动床土，以保持安静环境。

3. 加工利用

蚯蚓作为一种动物蛋白质饲料饲喂鸡、鱼等动物，需作适当的加工处理。目前，蚯蚓加工利用的方法主要如下：

（1）速冻贮藏

蚯蚓采收后放入桶内，用流水冲洗过夜，清除腹腔蚓粪和体表黏液。然后放入容器内，加水速冻，结冰后移入0℃以下库房，长期保存。

（2）阳光晒干

将蚯蚓采收后放在室内塑料薄膜上摊开过夜，让其排出消化道内的蚓粪并排出部分体腔黏液。夜间开灯防逃。第二天消除体表黏液及蚓粪后，将蚯蚓放在水泥地上摊成薄薄的一层，连续2天太阳照晒，晒成体表红亮洁净的蚯蚓干。

（3）微波炉干燥

将蚯蚓放置在玻璃器皿内，加盖，放入微波炉内干燥。

（4）电烘箱干燥

蚯蚓在不利的环境下，会排出大量体腔黏液，烘干时会与烘盘粘连在一起，很难分离。烘干前在蚯蚓体表拌以豆粕粉、大麦粉或石粉等，然后放在烘盘上摊成薄薄的一层，以70～75℃烘6小时，使其成蚯蚓干。

四、沼肥的综合利用

有机物质（如猪粪、秸秆等）经厌氧发酵产生沼气后，残留的渣和液统称为沼气发酵残留物，俗称沼肥。沼肥是优质的农作物肥料，在农业生产中发挥着极其重要的作用。

（一）沼肥配营养土盆栽

1. 技术要点

①配制培养土。腐熟3个月以上的沼渣与圆土、粗砂等拌匀。比例为鲜沼渣40%，圆土40%，粗砂20%，或者干沼渣20%，圆土60%，粗沙20%。

②换盆：盆花栽植1～3年后，需换土、扩钵，一般品种可用上法配制的培养土填充，名贵品种视品种适肥性能增减沼肥量和其他培养料。新植、换盆花卉，不见新叶不追肥。

③追肥。盆栽花卉一般土少树大、营养不足，需要人工补充，但补充的数量与时间视品种与长势确定。

茶花类（以山茶为代表）要求追肥次数少、浓度低，3～5月每月1次沼液，浓度为1份沼液加1～2份清水；季节花（以月季花为代表）可1月1次沼液，比例同上，至9～10

月停止。

观赏类花卉宜多施，观花观果类花卉宜与磷、钾肥混施，但在花蕾展观和休眠期停止使用沼肥。

2. 注意事项

①沼渣一定要充分腐熟，可将取出的沼渣用桶存放20～30天再用。

②沼液作追肥和叶面喷肥前应敞半天以上。

③沼液种盆花，应计算用量，切忌过量施肥。若施肥后，纷落老叶，则表明浓度偏高，应及时淋水稀释或换土；若嫩叶边缘呈渍状脱落，则表明水肥中毒，应立即脱盆换土，剪枝、遮阴护养。

（二）沼肥旱土育秧

1. 技术要点

沼液沼渣旱土育秧是一项培育农作物优质秧苗的新技术。

（1）苗床制作

整地前，每667平方米用沼渣1 500千克撒入苗床，并耕耙2～3次，随即作畦，畦宽140厘米、畦高15厘米、畦长不超过10米，平整畦面，并做好腰沟和围沟。

（2）播种前准备

每667平方米备好中膜80～100千克或地膜10～12千克，竹片450片，并将种子进行沼液浸种、催芽。

（3）播种

播种前，用木板轻轻压平畦面，畦面缝隙处用细土填平压实，用撒水壶均匀洒水至5厘米湿润土层。按2～3千克/平方米标准喷施沼液。待沼液渗入土壤后，将种子来回撒播均匀，逐次加密。播完种子后，用备用的干细土均匀洒在种子面上，种子不外露即可。然后用木板轻轻压平，用喷雾器喷水，以保持表土湿润。

（4）盖膜

按40厘米间隙在畦面两边拱行插好支撑地膜的竹片，其上盖好薄膜，四边压实即可。

（5）苗床管理

种子进入生根立苗期应保持土壤湿润。天旱时，可掀开薄膜，用喷雾器喷水浇灌。长出二叶一芯时，如叶片不卷叶，可停止浇水，以促进扎根，待长出三叶一芯后，方可浇淋。秧苗出圃前一星期，可用稀释1倍的沼液浇淋1次送嫁肥。

2. 注意事项

①使用的沼液及沼渣必须经过充分腐熟。

②畦面管理应注意棚内定时通风。

（三）利用沼肥种菜

沼肥经沼气发酵后杀死了寄生虫卵和有害病菌，同时，又富集了养分，是一种优质的有机肥料。用来种菜，既可增加肥效，又可减少使用农药和化肥，生产的蔬菜深受消费者喜爱，与未使用沼肥的菜地对比，可增产30%左右，市场销售价格也比普通同类价格要高。

1. 沼渣作基肥

采用移栽秧苗的蔬菜，基肥以穴施方法进行。秧苗移栽时，每667平方米用腐熟沼渣2 000千克施入定植穴内，与开穴挖出的圆土混合后进行定植。对采用点播或大面积种植的蔬菜，基肥一般采用条施条播方法进行。对于瓜菜类，例如，南瓜、冬瓜、黄瓜、番茄等，一般采用大穴大肥方法，每667平方米用沼渣3 000千克、过磷酸钙35千克、草木灰100千克和适量生活垃圾混合后施入穴内，盖上一层厚5～10厘米的圆土，定植后立即浇透水分，及时盖上稻草或麦秆。

2. 沼液作追肥

一般采用根外淋浇和叶面喷施两种方式。根部淋浇沼液量可视蔬菜品种而定，一般每667平方米用量为500～3 000千克。施肥时间以晴天或傍晚为好，雨天或土壤过湿时不宜施肥。叶面喷施的沼液需经纱布过滤后方可使用。在蔬菜嫩叶期，沼液应对水1倍稀释，用量在40～50千克，喷施时以叶背面为主，以布满液珠而不滴水为宜。喷施时间，上午露水干后进行，夏季以傍晚为好，中午下雨时不喷施。叶菜类可在蔬菜的任何生长季节施肥，也可结合防病灭虫时喷施沼液。瓜菜类可在现蕾期、花期、果实膨大期进行，并在沼液中加入3%的磷酸二氢钾。

3. 注意事项

①沼渣作基肥时，沼渣一定要在沼气池外堆沤腐熟。

②沼液叶面追肥时，应观察沼液浓度。如沼液呈深褐色，有一定稠度时，应对水稀释后使用。

③沼液叶面追肥，沼液一般要在沼气池外放置半天。

④蔬菜上市前7天，一般不追施沼肥。

（四）用沼肥种花生

1. 技术要点

（1）备好基肥

每667平方米用沼渣2 000千克、过磷酸钙45千克，堆沤1个月后与20千克氯化钾或50千克草木灰混合拌匀备用。

（2）整地做畦，挖穴施肥

翻耙平整土地后，按当地规格做畦，一般采用规格为畦宽100厘米、畦高12～15厘米，沟宽35厘米，畦长不超过10米。视品种不同挖穴规格一般为15厘米×20厘米或15厘米×25厘米，每667平方米保持1.5万～2.0万株。穴宽8厘米见方，穴深10厘米，每穴施入混合好的沼渣0.1千克。

（3）浸种播种，覆盖地膜

在播种前，用沼液浸种4～6小时，清洗后用0.1%～0.2%钼酸铵拌种，稍干后即可播种。每穴2粒种子，覆土3厘米，然后用五氯酸钠500克对水75千克喷洒畦面即可盖膜，盖膜后四边用土封严压紧，使膜不起皱，紧贴土面。

（4）管理

幼苗出土后，用小刀在膜上划开6厘米十字小洞，以利幼苗出土生长。幼苗4～5片叶至初花期，每667平方米用750千克沼液淋浇追肥。盛花期，每667平方米喷施沼液75千克，如加入少量尿素和磷酸二氢钾则效果更好。

2. 注意事项

①沼渣与过磷酸钙务必堆沤1个月。

②追肥用沼液如呈深褐色且稠度大时，应对水1倍方可施肥。

实践证明，使用沼渣和沼液作花生基肥和追肥可提高出苗率10%，可增产20%左右。

（五）用沼肥种西瓜

1. 浸种

浸8～12小时，中途搅动1次，结束后取出轻搓1分钟，洗净，保温催芽1～2天，温度30℃左右，一般20～24小时即可发芽。

2. 配制营养土及播种

取腐熟沼渣1份与10份菜园土，补充磷肥（按1立方米1千克）拌和，至手捏成团，落地能散，制成营养钵；当种子露白时，即可播入营养钵内，每钵2～3粒种子。

3. 基肥

移栽前一周，将沼渣施入大田瓜穴，每667平方米施沼渣2 500千克。

4. 追肥

从花蕾期开始，每10～15天行间施1次，每次每667平方米施沼液500千克，沼液：清水=1：2。可重施1次壮果肥，用量为每667平方米100千克饼肥、50千克沼肥、10千克钾肥，开10～20厘米环状沟，施肥后在沟内覆土。

5. 沼液叶面喷肥

初蔓开始，7～10天喷1次，沼液：清水=1：2，后期改为1：1，能有效防治枯萎病。

（六）用沼肥种烤烟

1. 技术要点

（1）沼液沼渣旱土育苗

将种子在沼液中浸种12小时后，轻轻搓洗，换清水再浸6小时，装入布袋或竹编容器内催芽。种子露白时，即可播入旱床。出现4片真叶时，可用对水1倍的沼液淋浇1次。经常揭膜炼苗，40～60天便可移栽。

（2）整地施肥

移栽前15天整好地，浅耕20厘米，耙平做畦，畦宽100～110厘米，沟深35～40厘米，畦高15厘米，开好腰沟、围沟。按株距50厘米、行距90～100厘米的标准开沟或开穴，沟深15厘米。在沟（穴）内先行施入基肥，每667平方米使入沼肥1 600千克、复合肥15千克、过磷酸钙25千克的混合肥，每株1.2千克，施肥后当即覆土10厘米。

（3）移栽

移栽时，烟秧苗要尽量带土，以免损伤根系。覆土后，稍加压，淋透定根水。

（4）管理

移栽后7天，松土除草，并施对水1倍的沼液，每株0.4千克。20天时，中耕小培土，每667平方米施沼液1 000千克、复合肥5千克、氯化钾5千克。30天时，进行中耕大培土，每667平方米施沼液1 000千克、复合肥10千克、氯化钾5千克，并培高畦面至15厘米左右。烟叶生长后期宜少施氮肥，以免烟苗贪青晚熟。对长势差、叶色淡黄的烟苗，可在清晨或傍晚用0.3%磷酸二氢钾、0.2%～1%硫酸铁、0.1%～0.25%硼砂、10%草木灰溶于沼液后进行叶面喷施，并注意打顶抹杈和防治病虫害。

2. 注意事项

①移栽后，烟苗培土追肥必须在1个月内完成。过晚可能导致烟株贪青晚熟，影响烟质。

②中后期追肥要视苗情而定，生长旺盛、叶面深绿的只增施磷钾肥，而不用沼液追肥。

（七）用沼肥种梨

1. 技术要点

（1）原理

用沼液及沼渣种梨，花芽分化好，抽梢一致，叶片厚绿，果实大小一致，光泽度好，甜度高，树势增强；能提高抗轮纹病、黑心病的能力；提高单产3%～10%，节省商品肥投资40%～60%。

（2）幼树

生长季节，可实行1月1次沼肥，每次每株施沼液10千克，其中，春梢肥每株应深施沼渣10千克。

（3）成年挂果树

以产定肥，以基肥为主，按每生产1 000千克鲜果需氮4.5千克、磷2千克、钾4.5千克要求计算（利用率40%）。

基肥：占全年用量的80%，一般在初春梨树休眠期进行，方法是在主干周围开挖3～4条放射状沟，沟长30～80厘米、宽30厘米、深40厘米，每株施沼渣25～50千克，补充复合肥250克，施后覆土。

花前肥：开花前10～15天，每株施沼液50千克，加尿素50克，撒施。

壮果肥：一般有2次，一次在花后1个月，每株施沼渣20千克或沼液50千克，加复合肥100克，抽槽深施。第二次在花后2个月，用法用量同第一次，并根据树势有所增减。

还阳肥：根据树势，一般在采果后进行，每株施沼液20千克，加入尿素50克，根部撒施。还阳肥要从严掌握，控好用肥量，以免引发秋梢秋芽生长。

2. 注意事项

①梨属于大水大肥型果树，沼肥虽富含氮、磷、钾，但对于梨树来说还是偏少。因此，沼液沼渣种梨要补充化肥或其他有机肥。如果有条件实行全沼渣、沼液种梨，每株成年挂果树需沼渣、沼液250～300千克。

②沼液沼渣种梨除应用追肥外，还应经常用沼液进行叶面喷肥，才能取得更好的效果。

第六章　绿色农业

第一节　绿色农业的概念

一、绿色农业概念

（一）绿色农业概念的界定

绿色农业概念的提出源于我国绿色食品产业约20年长足发展的丰富实践。事实证明，绿色食品的思想理念、管理方式和标准体系是符合我国国情的、适合现代农业发展新形势的。绿色农业是指一切有利于环境保护、有利于农产品数量与质量安全、有利于可持续发展的农业发展形态与模式。绿色农业在其循序高级化过程中会逐步采用高新绿色农业技术，形成现代化的产业体系，产业高级化的关键是规模、市场和技术，目标是实现农业可持续发展和推进农业现代化，确保整个国民经济的良性发展，满足新世纪城乡居民的生活需要。绿色农业的发展是成熟的绿色食品产业发展模式向农业的全面推广和示范，是一种"精英平民化"的发展模式。绿色农业涵盖一个"大农业"整体由低级逐步向高级演进的漫长过程，在这个过程中，随着社会和居民消费偏好的逐步升级、农业科学技术与管理手段的进步，绿色等级认证的规范化和标准化在整个农业产业链条的实施，初级绿色农业模式渐进演变为高级绿色农业模式。当前，绿色农业发展的阶段性要求应该是绿色等级认证制度和产业标准化的构建及相应制度环境的构建与完善。

（二）绿色农业的内涵

1. 绿色农业出自良好的生态环境

地球为人类活动提供了适宜的气候、新鲜的空气、丰富的水源、肥沃的土壤，使人类能够世代繁衍生息。但是，人口剧增和经济发展使资源受到了浪费与破坏，环境受到了污染，这种对自然资源和生态环境的伤害，按反馈规律最终都回报给行动主体的人类本身，随之而来的，是人类饱受环境综合症、"文明病"及各种怪病的折磨。于是，出于本能和对科学的认识，人们开始越来越关心自身健康，注重食品安全，加强对生态环境的保护。

特别是对来自没有污染、没有公害环境的农产品倍加青睐。在这样的背景下，绿色农业及绿色农业产品以其固有的优势被广大消费者认同和接受，成为具有时代特色的必然产物。

2. 绿色农业是受到保护的农业

绿色农业既是改善生态环境、提高人们健康水平的环保产业，同时也是需要支援、加以保护的弱质产业。绿色农业尽管没有立法，但是作为绿色农业的特殊产品——绿色农业产品是在质量标准全程控制下进行生产的。绿色农业产品认证除要求产地环境、生产资料投入品的正确和合理使用外，还对产品内在质量、执行生产技术操作规程等方面都有极其严格的质量要求标准，可以说从土地到餐桌，从产前、产中、产后的生产、加工、管理、贮运、包装、销售的全过程都是靠监控来实现的。因此，较之其他农产品，绿色农业及绿色农业产品更具有生态性、优质性和安全性，也是我国政府在努力追求的食物发展目标。

3. 绿色农业是与传统农业有机结合的农业模式

传统农业是自给自足型的小农业。其优势是节约能源、节约资源、节约资金、精耕细作、人畜结合、施有机肥、不造成环境污染，但也存在低投入、低产出、低效益、种植单一、抗灾能力弱、劳动生产率低等弊端。绿色农业是传统农业和现代农业的有机结合，以高产、稳产、高效、生态、安全为目标，不仅增加了劳力、农肥、畜力、机械、设备等农用生产资料的投入，还增加了科学技术、智力、信息、人才等软投入，使绿色农业发展更具有鲜明的时代特征。

4. 绿色农业是多元结合的综合性大农业

绿色农业融第一、二、三产业为一体，以农林牧渔业为主体，农工商、产加销、贸工农、运建服等产业链为外延，大搞农田基础设施建设，提高了农业抗灾能力与农民运用先进科学技术水平，体现了多种生态工程元件复式组合。

5. 绿色农业是贫困地区脱贫致富的有效途径

实施绿色食品开发之后，贫困地区发挥了受工农业污染程度轻、环境相对洁净的资源优势，原料转化为产品，高科技、高附加值、高市场占有率拉动了贫困地区绿色产业的快速发展，促进了区域经济的振兴。这一点对我国边远山区、经济不发达和欠发达地区有很强的借鉴意义。

二、绿色农业的特征

（一）开放兼容性

绿色农业既充分利用人类文明进步特别是科技发展的一切优秀成果，依靠科技进步、物质投入等提高农产品的综合生产能力，又重视农产品的品质和卫生安全，以满足人类对农产品的数量和质量要求，体现了开放兼容的特点。

（二）持续安全性

持续安全即在合理使用工业投入品的前提下，注意利用植物、动物和微生物之间的生物系统中能量的自然流动和循环转移，把能量转化和物质循环过程中的损失降低到最低程度，重视资源的可持续利用和保护，并维持良好的生态环境，做到可持续发展。

（三）全面高效性

全面高效即绿色农业发展的社会效益、经济效益和生态效益的高度有机统一。绿色农业既注重合理开发利用资源、保护生态环境，注重保障人类食物安全，注重发展农业经济，特别关注推动发展中国家农业和农村经济的全面发展。

（四）规范标准化

规范标准即绿色农业鲜明地提出农业生产要实行标准化全程控制与管理，而且特别强调绿色农业发展的终端产品——绿色农业产品的标准化，通过绿色农业产品的标准化来提高产品的形象和价格，规范市场秩序，实现"优质优价"，并提高绿色农业产品的国际竞争力。

第二节　绿色农业生产技术

一、绿色农业生产的病虫害控制技术体系

应用病虫害绿色防控技术控制病虫害是绿色农产品生产中的关键环节之一，也是坚持科学发展观，牢固树立"公共植保、绿色植保"理念，认真贯彻执行"预防为主、综合防治"的植保方针，保护农田生态环境，实现农作物病虫害的可持续治理的必由之路。目前，我国绿色农产品生产主要面临的是土壤、空气、水体等污染问题，发展绿色农产品生产，最关键的是如何综合运用各种绿色防控技术防控病虫害，既能把农作物病虫的危害控制在允许的经济阈值以下，又能确保农药残留符合国家食品卫生标准，为广大人民群众提供丰富安全的农产品，提高生活质量。因此，作物绿色生产的病虫害防治首先在于采取适当的农艺措施建立合理的作物生产体系和健康的生态环境，提高系统的自然生物防治能力，而并非像现代农业那样力求彻底消灭病虫害。这意味着绿色农业生产中的病虫害防治要以农业生产系统为中心，以生态学原理为指导，建立起生态平衡的作物生产系统，并充分掌握作物以及危害其生长的病虫的生物学、生态学和物候学知识，加强生产过程中的管理，做到既能预防、避开和抵御病虫害的侵袭，又不破坏自然生态环境，保障农业生产及

其产品质量安全，从而保证作物的健康生长。

（一）绿色农业作物生产病虫害防治原理

绿色农业作物病虫害防控就是按照"绿色植保"理念，采用农业防治、物理防治、生物防治、生态调控以及科学用药技术，从而达到有效控制农作物病虫害，确保农作物生产安全、农产品质量安全和农业生态环境安全，促进农业增产增效。应用绿色防控，一是可以有效地控制农业生物灾害，减少病虫损失，促进农业增产，农民增收。二是可以大大减少化学农药的使用，特别是减少高毒、高残留农药的使用，从而确保农产品质量安全，满足社会需求。三是可以大大减少因施用化学农药带来的对作物、土壤、水流等造成的环境污染问题，保护农田自然天敌，改善农田生态环境，增加农田生物多样性，维护农田生态平衡。

（二）绿色农业生产作物病虫害防治技术

绿色农业的病虫害防治要求从作物病虫害的生态系统出发，综合应用各种农业措施、生物措施和物理措施，创造不利于病虫害发生同时又有利于各类自然天敌繁衍的生态环境，保证农业生态系统的平衡和多样化，减少各类病虫害所造成的损失。

绿色农业生产作物病虫害防治时应综合考虑以下几个方面：第一，经济有效；第二，对人体健康无害，对畜禽和天敌无毒，不会使害虫产生抗性；第三，不污染环境。在防治方法上，有化学的、物理的、生物的、农业的和植检的等一系列措施，具体应用时应综合考虑和应用，不是孤立地对待一种病虫害，而是对农田生态系统有整体的观念，采取综合措施。

1. 农业防治

农业防治是在认识和掌握病虫、作物、环境条件三者相互关系的基础上，结合整个农事操作过程中的各种措施，有目的地创造一个有利于作物生长发育而不利于病虫生长发育的农田环境，提高作物抗性，达到直接防病治虫或抑制病虫发生为害的目的。其优点：一是符合"经济、安全、简易"的绿色管理原则，农业防治在绝大多数情况下是结合耕作栽培管理的必要措施进行的，不需要特殊的设备和器材，不增加劳动力和成本负担，无副作用，不造成环境污染和天敌死伤；二是符合"预防为主，综合防治"的植保方针，通过农业耕作栽培技术，可以消灭或压低害虫的虫源或密度，恶化病虫害的生活环境，甚至达到根治的效果；三是效果持久，增产效益大。缺点是收效较慢。

2. 生物防治

生物防治是利用生物或其代谢产物来控制有害动、植物种群或减轻其危害程度的方法。采用生物防治的方法控制病虫害，能够收到除害增产、减轻环境污染、维护生态平衡、节约能源和减少生产成本的明显效果，尤其是它的生态效益和社会效益，越来越受到社会各界的重视。"发展生物防治，保证农业丰收，保护生态环境"已经得到社会公认。

目前，我国生物防治技术大致可以分为以下几种：第一种是天敌昆虫的人工大量繁放技术达到以虫治虫；第二种是利用微生物制剂、病原微生物等防治病虫害；第三种是利用植物源、生物源农药进行防治；第四种是利用昆虫激素治虫。

3. 物理防治

物理防治主要包括器械捕杀、诱集和诱杀等，是根据害虫的某些习性特点，利用温、光、电、声、色、机械装置、果实套袋等方法来诱杀、阻隔害虫。

（1）温度消毒、闷杀

将种子晒2～3天，利用阳光灭菌，还可将种子用55℃温水浸种10分钟，能有效地漂出和杀灭部分病菌残体，还可防治根结线虫病。夏季用高温闷棚，即深翻大棚土壤，闭棚或在露地用薄膜覆盖畦面可使棚、膜内温度达70℃以上，从而自然杀灭病虫而无污染。

（2）颜色诱杀、驱赶

蚜虫、白粉虱等对黄色具有强烈趋性，可将30厘米长、30厘米宽的夹板，两面涂成橙黄色，干后再涂上1层黏油。每667平方米10～15块，黄板应竖立在高出作物30厘米处，可诱杀大量害虫，防止其迁飞扩散。用银灰色的薄膜覆盖番茄、辣椒可驱赶有翅蚜虫，从而减少病虫害。

（3）灯光诱杀或糖醋液诱杀

利用害虫的趋光性，采用黑光灯、高压汞灯、频振式杀虫灯等集中诱杀。许多昆虫对糖醋液有趋性，可将糖醋液盛在水盆内制成诱捕器，放在田间诱杀成虫。

（4）器械及人工捕捉

防虫网不仅有防虫作用，还兼有遮强光防暴雨的作用。蔬菜大棚，一般使用30～50目的防虫网就可防止小菜蛾、菜青虫、斜纹夜蛾、甜菜蛾以及蚜虫、潜叶蝇等害虫的侵入。在葡萄生产中，雨季开始之前在葡萄树冠顶部搭建简易避雨拱棚，使葡萄植株、枝蔓、花、果能很好地避开自然雨淋。排除引发葡萄病害的环境因子，从而控制或减轻葡萄白腐病、炭疽病、霜霉病、褐斑病等病害的发生，提高葡萄产量和质量。用高级脂肪制成的溶剂，按一定比例喷洒在蔬菜表面形成一层保护膜，防止病菌侵入组织。如：用200倍脂膜液可防番茄叶枯病及白菜霜霉病；50倍液防黄瓜白粉病等，同时还可提高移栽秧苗的成活率，又有抗寒、抗旱的作用。在害虫发生初期，有些害虫暴露明显，可及时人工捕捉。有些产卵集中成块或刚孵化取食时，应及时摘除虫叶销毁，在成虫迁飞高峰可用网带捕捉杀灭。

（5）隔离

如在果园中用套袋的方法防治柑橘食果夜蛾、桃蛀螟、梨小食心虫等果实危害；在树干上涂胶可以防治树木害虫下树越冬或上树危害；在树干上刷石灰水，既可防止树木冻害，也可阻止天牛产卵；在粮面上覆盖草木灰、粮壳等，可阻止粮食害虫侵入危害。

4. 化学防治技术

根据病虫发生规律，在病虫的出蛰期、卵孵化盛期及病菌初侵染期等关键时期，选用高效、低毒、低残留的农药进行化学防治。应严格控制用药种类、用药次数、用药浓度，注意安全间隔期，为确保无公害生产，应全面禁用剧毒、高残留或致癌、致畸、致突变农药；限制使用全杀性，高抗性农药。

二、绿色农业产品加工技术

（一）加工场地

首先，绿色农业产品加工场地的地理条件应满足生产需要，即要做到地势高燥，水资源丰富，水质良好，土壤清洁，便于绿化。其次，场地的卫生设备应当齐全，应包括通风换气设备，防尘、防蝇、防鼠设备，工具、容器洗刷消毒设备，污水、垃圾和废弃物排放处理设备等。最后，需要特别强调的是，如果加工生产既有绿色农业产品又有普通农产品，那么在生产与贮存过程中，必须将二者严格区分开来。

即使不具备专用生产线的条件，在绿色农业产品加工前，也必须严格清洗该设备，避免可能产生的污染。

（二）加工设备

对不同的绿色农业产品而言，其加工的工艺、设备区别较大，因此，对机械设备材料的构成不能一概而论。一般来讲，不锈钢、尼龙、玻璃、食品加工专用塑料等材料制造的设备，都可用于绿色农业产品加工。目前，食品工业中利用金属制造食品加工用具的品种日益增多，国家允许铁、不锈钢、铜等金属的应用。铜、铁制品毒性极小，但易被酸、碱、盐等食品腐蚀，且易生锈。不锈钢食具也存在铅、铬、镍在食品中溶出的问题。故应注意合理使用铜铁制品，并遵照执行不锈钢食具食品卫生标准与管理办法。

在绿色农业产品加工过程中，使用表面镀锡的铁管、挂釉陶瓷器皿、搪瓷器皿、镀锡铜锅及焊锡焊接的薄铁皮盘等，都可能导致食品含铅量大大增高。特别是在接触pH值较低的原料或添加剂时，铅更容易溶出。铅主要对人的神经系统、造血器官和肾脏有损害，可造成急性腹痛或瘫痪，严重者甚至休克、死亡。镉和砷主要来自电镀制品，砷在陶瓷制品中有一定含量，在酸性条件下易溶出。因此，在选择设备时，首先应考虑选用不锈钢材质。在一些常温常压、pH值中性条件下使用的器皿、管道、阀门等，可采用玻璃、铝制品、聚乙烯或其他无毒的塑料制品代替。但食盐对铝制品有强烈的腐蚀作用，应特别注意。绿色农业产品加工设备的轴承、枢纽部分所用润滑油部位应全封闭，并尽可能用食用油润滑，机械设备上的润滑剂严禁使用多氯联苯。

（三）加工添加剂

食品添加剂是指为改善食品色、香、味、形、营养价值，以及为保存和加工工艺的需要而加入食品中的化学合成或天然物质。食品添加剂是一种物质或多种物质的混合物，但大多不是食品原料本身固有的物质，而是在产品生产、贮存、包装、使用等过程中为达到某一目的而有意添加的物质。曾有专家指出，食品添加剂是食品工业设计中的配方核心组成部分之一，没有优质的食品添加剂就没有现代食品工业。

国际食品添加剂发展趋势是向国际化和标准化发展，即向无毒、无公害、天然、营养、多功能型方向发展。按来源划分，食品添加剂可分成两类：一类是从动物、植物体组织细胞中提取的天然物质，另一类是人工化学合成物质。一般来说，天然添加剂较安全。添加剂有酶制剂、营养强化剂、风味剂、抗氧化剂、防腐剂等。在进行绿色农业产品加工时，酶制剂、营养强化剂等一般符合国家标准要求即可，但抗氧化剂、防腐剂、色素、香精等物质，在加工过程中要求十分严格。若绿色农业产品加工必须使用上述添加剂，则尽量使用天然添加剂，确保食品安全。

三、绿色农业生产其他技术

（一）绿色农业的节水技术

水资源问题已发展成为一个世界性的问题，引起了世界各国的广泛关注。有专家预言：21世纪，世界将"为水而战"，"水之争"将是不可避免的。发展绿色农业，实现和保证我国农业的可持续发展，就必须强调和大力推广绿色农业的节水技术：

一是推广节水灌溉技术。目前，农业生产上普遍利用的是大水漫灌、串灌等传统灌溉方式，水资源的利用率很低，大约有60%～70%的水分被白白浪费了。从绿色农业这一现代农业的可持续发展模式看，应大力提倡与发展浸灌、滴灌、喷灌、微灌、管灌等节水灌溉技术，这一技术对水资源的利用率一般可达70%～80%（甚至达90%以上）。

二是推广节水种植技术。选用抗旱、耐旱的作物；种植抗旱、耐旱的品种。通过调整播种期和调节生育期，使作物需水规律和降水规律相吻合，从而达到充分利用水资源、提高作物产量，进行作物多样化种植的目的。

三是推广节水耕作技术。对旱地，广泛推广少耕、免耕和作物秸秆覆盖技术，可达到节水保墒、增产增收的效果。

适量使用保水剂、抗旱剂等，发挥一定的节水和抗旱作用。

四是开发污水处理和咸水淡化技术。从长远来讲，污水资源和咸水资源的开发利用势在必行。从国内外目前的情况来看，污水用于农业灌溉具有一定的可行性，且效果明显，但必须控制其污染的程度，即污染太严重的水资源必须适当处理后方可用于农业生产，否则将产生"二次污染"，对农业生产和人畜健康产生不利影响。

（二）绿色农业的品种改良技术

品种改良在促进绿色农业发展方面起着重要作用，一方面可提高绿色农业生产的效率；另一方面，品种的改良和增强对于限制使用与节约其他化学生产要素的投入也起到重要作用。

现代生物技术的发展及其在绿色农业技术开发上的广泛应用，带来了动植物品种改良的革命性变化，彻底改变了传统农业的面貌，大幅度提高了绿色农业产品的产量。可以预见，在新的世纪，随着现代生物技术的快速发展，生物技术将会在促进世界绿色农业发展中起着更为独特的、重要的和不可替代的作用。

（三）绿色农业的多熟种植技术

多熟种植是我国传统农业的精华之一，也是我国耕作制度的特色和优势所在，它对于提高耕地资源利用率和产出率、实现农业生态效益与经济效益的同步增长具有重要意义和明显效果。作为绿色农业的关键技术之一，多熟种植技术应特别强调创新以下技术要点：其一，发展间、混、套作技术；其二，实行轮作换茬，扩大粮饲轮作、粮草轮作、禾豆轮作、稻棉轮作、稻蔗轮作、稻烟轮作和各种水旱轮作的种植面积，这对于减少农田病、虫、草害，提高绿色农业产品的数量和质量均具有重要作用；其三，优化复种方式，提高复种指数，建立适合我国不同地区的集约高效型绿色农业多熟种植技术体系。

绿色农业产品质量安全直接关系到人类健康，绿色农业标准化是提高绿色农业产品最安全的有效路径，提高对绿色农业标准化的认识是实施绿色农业标准化的基础和前提。绿色农业标准体系的构建对于我国农业突破"绿色壁垒"，提升绿色农业产品国际市场竞争力，保障食品卫生安全、增进人民身心健康具有重要意义。

第三节　绿色农业与科技创新

一、绿色农业科技创新概述

国际绿色农业产品市场为我国绿色农业的发展创造了市场条件。因此，有关专家提出，我国应结合未来消费趋势和国内外市场对绿色农业产品增长的需求状况，走绿色科技产业之路，充分发挥其丰富的绿色资源优势，运用科技创新，推动我国绿色农业的可持续发展。

绿色农业科技创新应以丰富的绿色农业资源为依托，以高新技术成果转化和应用推广为途径，注重环境和后续资源的合理培育，采取开发利用与保护并举的方针，择优发展，突出重点，实现资源的可持续利用。尽快形成新的经济增长点，高起点、规模化地走一条政府统筹规划、企业自主开发、贸工农一体化、产学研相结合的绿色农业科技创新的产业化之路。重点要构建一个从绿色农业产品生产、加工到营销的绿色技术开发、引进、转化、示范体系。成立绿色农业高新技术服务中心或生产力促进中心；开发、集成和示范一批绿色农业重大关键技术；攻克一批生态环境保护和绿色农业产品加工、保鲜中的重大技术瓶颈问题，形成绿色农业科技创新服务体系；建成一批具有国际竞争力的由中心区、示范区、辐射区三个层次组成的绿色农业高新科技产业园区，它们分别承担着绿色农业科技创新成果的供给、推广示范和产业扩大的任务，从而保证绿色农业技术创新成果商业化、市场化；培育与支持一批具有一定规模和市场竞争实力的绿色农业科技型龙头企业。这些龙头企业不仅是绿色农业科技创新的主体，也是进入国内外市场的主导力量，成为一手牵着农户，一手连接国际市场的龙头，成为推动绿色农业发展链条的主力军。

（一）绿色农业科技创新概念

绿色农业是一种新型的现代农业发展体系和模式，其可持续发展必然离不开科技创新，科技创新是推进绿色农业发展的动力源泉，是绿色农业发展的重要支撑和保障。科技创新是科学知识创新与技术创新的统称。作为社会科技创新的有机组成部分，绿色农业科技创新作用于绿色农业经济生产、再生产的全过程，是动态连续的创新过程。绿色农业科技创新是指在绿色农业生产经营中，采用新的高效、清洁、安全的绿色科学知识和技术手段及相应的绿色经营管理方式，实现生产率持续增长、农业生态环境质量持续提高以及农业生态资源持续利用，实现绿色农业的高产、优质、高效、生态、安全、低耗的目的，保持人口、资源、环境、生态与经济的和谐统一，把绿色农业发展建立在自然环境良性循环的基础上，从而实现绿色农业的可持续发展。

（二）绿色农业科技创新特征

1. 追求经济、社会和生态系统协调一致的技术创新系统

通过合理运用绿色农业知识与技术配置和绿色农业科技创新，努力保护绿色农业生态系统的资源，尤其是稀缺资源的数量与质量。在为绿色农业经济系统的发展提供资源的同时，把现代农业技术对生态系统损害的负面影响降低到最低程度。绿色农业科技创新在社

会系统和生态系统间建立桥梁，在满足人类各种需求的同时，使人的生活方式和消费行为向"绿色化"方向转变，为人类社会的生存和发展提供食品安全的物质条件和生态空间，绝不能生产、经营产生公害的农产品。绿色农业科技创新促使经济、社会和生态之间形成一种互补的循环结构，在这种结构中，绿色农业科技创新是关键手段，生态系统的持续是基础，经济系统的持续是条件，社会系统的持续是目的。只有社会、经济和生态系统在发展中实现了协同，才能更好地保证绿色农业可持续发展目标的实现。

2. 绿色农业科技创新在绿色农业产业化经营上具有链条集聚效应

绿色农业科技创新集绿色生产、绿色加工、绿色储运、绿色营销、绿色消费等于一体，环环相接。绿色农业技术创新不仅渗透到绿色农作物增产、病虫害防治、良种选育等诸多生产环节，还延伸到绿色农业产品保鲜、加工、贮运及消费等众多领域。

3. 绿色农业科技创新具有较强的地域特色

由于绿色农业依托于生物再生产，环境与生物资源的多样性具有明显的区域特征，即在区域个性上独占资源，个性化产品必然形成特有的技术体系。由于绿色农业生产受气候、土壤等因素的影响较大，一种新技术的普及只适合于一定的地域范围。因此，绿色农业科技创新必须因地制宜、因时制宜。即使引进的优良品种，也必须进行适应性栽培。一切外来物种，都要先研究后推广。盲目引种推广，可能带来灾难性生态后果，甚至危害人类健康。

4. 绿色农业科技创新在创新体制上是多元整合

绿色农业科技创新在创新体制上，实行政府、社会、企业结合，是既分工又合作的联合创新机制。绿色农业企业是创新主体，但政府是主导力量，特别是绿色农业科技园区的规划与建设，农科教的整合，都需要政府的支持与协调。要进一步改革传统的农业推广机构，使它们从功能单一的技术推广走向绿色化、市场化，发挥综合技术推广职能，引导农户走绿色生产经营的路子。

（三）绿色农业科技创新作用

从其横向关系来看，绿色农业科技创新包括要素的合理配置与流动、社会化支撑体系和科研资源的投入等；从其过程模式上看，绿色农业科技创新重点强调的是绿色农业新技术的研制和新技术推广应用两个方面。如果有源源不断的绿色农业新技术突破并迅速推广运用到绿色农业生产实践中去，绿色农业的发展就会得以保证和实现。从这个意义上讲，绿色农业发展的源动力是绿色农业科技创新。绿色农业科技创新的作用主要表现在：

1. 提高绿色农业要素生产率水平

科技创新的不同类型适应不同的资源禀赋条件，可以有效地促进资源配置效率的提高。一般来讲，从节约资源方面划分，科技创新可分为4种类型，即节约资本的科技创新、节约劳动的科技创新、节约土地的科技创新和中性科技创新。这样，资源禀赋的差异决定绿色农业科技创新就会促进偏向技术进步和替代技术的发展，从而在资源要素投入产出过程中克服瓶颈因子对整体产出水平的制约，促进绿色农业总要素生产率水平的提高。

2. 为绿色农业持续发展奠定基础

绿色农业科技创新使资源配置科学化、合理化，并在一定程度上克服了瓶颈因素对资源利用不经济的影响。稀缺资源的替代技术能够充分合理地利用相对丰裕的资源，使产出水平得到提高，边际成本降低，绿色农业比较经济利益上升到较高水平，从而激励农民对绿色农业生产追加投资。另外，绿色农业科技创新总是伴随着绿色农业生产要素投入的增加而形成，因此，不断增加绿色农业要素投入是保持绿色农业持续发展的前提和基础。

3. 推动绿色农业的发展

作为现代生产力中最活跃的因素和最主要的支撑力量，科学技术物化在物质生产力的各要素之中，极大地促进了农村生产力的进步。随着绿色农业科技创新的出现，绿色农业科学技术迅速转化为现实生产力，绿色农业生产企业的出现，使得传统的农业产业企业相对萎缩和改组，农业经济结构发生变化，绿色农业可获得更广阔的发展空间。

（四）绿色农业科技创新动力

1. 农产品市场的需要

（1）市场需求的拉力

从国内情况看，市场对绿色农业产品需求增长主要来自城镇人口数量的增加和人口素质的提高。城镇人口数量的增加取决于农业人口和农业劳动力向城镇转移的规模和速度；人口素质的提高取决于城镇人口绿色意识、绿色消费习惯的形成。扩大绿色农业产品市场容量的关键在于把大批以自给性消费为主的农业人口转为城镇商品性消费人口，扩大内需。因此，我国农业人口向城镇的转移和城镇人口绿色农业产品消费水平的提高，已成为推动绿色农业科技发展的关键动力。

（2）市场竞争压力

加入WTO以后，外资进入我国农业开发领域，并带来质优价廉的新产品、新技术，加大了农产品结构性疲软程度；发达国家"绿色壁垒"的提高，又使我国农产品出口受阻，造成农产品竞争性疲软。这种压力既是挑战，又是动力，迫使我国要加大绿色农业科技创新力度，生产、加工质优价廉的绿色农业产品，尽快摆脱被动局面，从而提高绿色农业产业的竞争力。

（3）关联产业的推力

现代农业的产业化经营，使部门经济之间的联系更加密切。如依托于农业初级产品和生物资源的加工业迅速发展，使第一、二、三产业的资金、劳力、技术、商品、服务等成为共同渗入的"大市场"。由此，不仅带来加工技术和加工设备制造业技术创新，也推动了种植技术和养殖技术创新。第三产业的发展，也使第一、二、三产业的价值链得到充分体现，扩大了第一产业的生产消费市场，增加了产品附加价值。因此，我国依托第一产业的产业链延伸，必然为绿色农业科技发展注入强大动力。这都说明，构建我国绿色农业科技投入体系必须是适应国内外市场需求的现代"大农业"科技投入体系，而不是传统领域狭窄的农业科技投入。

2. 科技自身发展的需要

（1）绿色农业科技自身发展的内在要求

从未来农业发展的全局和长远目标出发，为了满足追赶世界前沿水平的需要，作为宏观动力，应得到我国各级政府的高度重视，并配置创新资源。

（2）信息网络的带动

在现代社会条件下，开放的信息网络对绿色农业科技投入也是巨大的推动力量。绿色农业信息化是发达绿色农业的重要标志，一切从事绿色农业科技的组织和个人，都可以从互联网上获取、交流科技信息，开阔视野，找到差距，受到启示，增强创新意识，学到创新手段与方法，从而推动我国绿色农业科技创新。

二、绿色农业科技创新原则

我国绿色农业科技创新体系建设与发展的总体思路是：以科学发展观为指导，围绕促进绿色农业稳定增产、农民持续增收、农业综合生产能力不断增强的目标，依靠全社会的创新潜力、调动一切有效的创新资源，发挥政府宏观调控和市场配置资源的基础作用，在深化科技体制改革的基础上，按照"科学布局、优化资源、完善机制、提升能力"的要求，实现绿色农业科技资源的高效配置和综合集成，形成政府引导、社会协调互动的创新格局，大幅度提高绿色农业科技创新能力和创新效率，加速绿色农业科技成果的创造和应用，为建设社会主义新农村，加快绿色农业发展步伐提供强大的科技支撑。

（一）取长补短原则

根据国家创新体系理论，每个国家的创新系统都具有国家专有因素。因此，在建设我国绿色农业科技创新体系的过程中，可以借鉴国外的成功经验，但不能照搬任何一个国家的现成模式，必须立足于我国的实际国情、农情和农业历史背景。从农业和农村经济对绿色农业科技的需求，以及从我国农业在世界上的地位出发，充分考虑到我国以小农户为基本生产单元的农业经营特点，注重绿色农业发展中存在的实际问题和重点难点，准确定位。一方面，要提高绿色农业科技创新的能力，特别是自主创新的能力；另一方面，要充实基层和生产一线的科技力量，加速绿色农业科技成果的组装配套和推广应用，确保供给。同时，要考虑系统的开放性，要适应未来世界农业科技发展的需要和潮流，加快引进发达国家先进绿色农业技术，实现"后发优势"，提高我国绿色农业科技的水平和综合竞争力。

（二）政府主导市场为辅原则

由于绿色农业科研的特殊性，在一定时期内，我国政府仍然是绿色农业科技创新投入主体和促进主体，要充分发挥政府的主导作用。在强化政府作用的同时，充分发挥市场机制的基础作用，调动绿色农业企业、农民等社会力量的积极性、创造性，形成政府主导下的多元化绿色农业科技创新体系。

（三）行政区划与综合区划并重原则

我国农业科技力量的布局是由国家部门系统和地方政府按照行政区划来进行的，一方面与农业自然生态条件结合的紧密度不高，另一方面造成力量的分散与重复。建设新型绿色农业科技创新体系，必须充分考虑现有的农业科技力量的布局和基础，适当进行调整，特别是在绿色农业科技创新区域中心的建设上，要充分考虑农业综合区划的基础。

（四）条件建设与机制创新

我国绿色农业技术研究和推广机构基础条件差，创新能力不足。因此，绿色农业科技创新体系建设要重点解决这一问题。另外，要注重绿色农业科技创新效率的问题，在加强自身建设的同时要突出效率优先，进行体制机制创新，建立健全有效的激励机制，积极营造良好的社会创新氛围，极大地提高创新支撑能力和效率。

（五）统筹规划与分类指导

建设绿色农业科技创新体系关系重大、涉及面广。为保证科学性、可操作性和有效性，应充分尊重绿色农业科技发展的规律，要统一规划，分阶段、分步骤实施。同时，要"有所为、有所不为"，突出重点，统筹安排，并就不同绿色农业示范区中不同作物的科技问题进行分类研究和指导。

三、绿色农业科技创新模式

（一）初级的、松散的科技创新模式

初级的、松散型绿色农业科技创新模式即在政府主导下的契约合同科技创新模式。政府根据有关对农业支持的"绿箱政策"，由政府主导，实施科技扶贫，培植绿色农业科技

资源，增加绿色农业科技投入经费，通过各级农业技术推广站，开展绿色农业技术服务，研究开发引进先进实用绿色农业技术进行区域试验，或由政府创办的绿色农业科技示范园进行示范，成熟后作为公共产品全面推广，与农民签订有关技术交流、技术培训、技术服务、技术试验与推广的契约合同，推广成功了，其利润按合同少量提成或不提成，失败了，对农民进行价值补偿。

（二）紧密型绿色农业科技创新模式

紧密型绿色农业科技创新模式是指在政府指导下的农民行业协会绿色农业科技创新模式。这种模式是农民在自觉、自愿的基础上，以绿色农业技术创新和绿色农业产品开发为纽带，以集资入股、资产联结的模式，形成股份制或股份合作制的创新模式。行业协会一般根据自己的实力"引凤入巢"，统一开发、推广绿色农业先进技术和产品，形成专业化、规模化绿色农业生产，并统一对外销售技术含量高的绿色农业产品。此模式可调动农户作为市场主体的积极性，使绿色农业科技创新有了比较坚实的微观基础。

（三）高级的绿色农业科技创新模式

高级的绿色农业科技创新模式是指在政府引导下的现代绿色农业集团科技创新模式。改革开放以来，在由计划经济体制向市场经济体制转轨过程中，在农业产业化经营实践中，已经形成了一批大型的农业集团公司。它们不仅拥有相当规模的耕地和绿色资源，又有先进的加工企业和流通企业做骨干，还有集贸工农一体化的经营条件。在集团内部，形成了中下游产业对上游产业科技创新的拉动力量。这些龙头企业一般都上连国内市场，下连广大的农户生产者，是广大农户走向市场的依托，是真正意义上的市场竞争主体，也是政府着力培育的绿色农业科技创新的主体。这些主体既可以参加国内外绿色农业产品的市场竞争，又可以带动基地农户走上专业化经营之路，从而形成绿色农业科技创新的支柱力量，促进我国绿色农业的发展。

参考文献

[1] 潘世磊 . 农业生态资本投资效应研究 [M]. 成都：西南财经大学出版社，2023.02.

[2] 李晓云，黄玛兰，曾琳琳 . 中国作物种植结构与农业生态效率 [M]. 北京：科学出版社，2023.07.

[3] 李白玉 . 现代农业生态化发展模式研究 [M]. 咸阳：西北农林科技大学出版社，2022.02.

[4] 杨志远，李娜，孙永健 . 乡村振兴丛书 基于能值的农业生态系统研究 [M]. 成都：四川大学出版社，2022.11.

[5] 李季，李国学 . 农业生态论著农业废弃物高效循环利用关键技术研究 [M]. 北京：中国农业出版社，2022.03.

[6] 余欣荣，梅旭荣，杨鹏 . 农业产业绿色发展生态补偿研究 [M]. 北京：科学出版社，2022.07.

[7] 郭凌，臧敦刚 . 乡村旅游与生态友好型农业的协同发展 [M]. 北京：社会科学文献出版社，2022.05.

[8] 廖森泰，杨琼 . 现代桑基鱼塘生态循环农业技术创新与应用 [M]. 北京：中国农业科学技术出版社，2022.08.

[9] 孙桂英，李之付，王丽 . 生态农业视角下绿色种养实用技术 [M]. 长春：吉林科学技术出版社，2022.08.

[10] 刘昊昕 . 农业生态资本投资生态溢出效应研究 [M]. 武汉：华中科技大学出版社，2021.09.

[11] 金涌，胡山鹰，钱易 . 生态农业工程科学与技术 [M]. 中国环境出版社，2021.04.

[12] 张铁亮，王敬，刘潇威 . 农业生态功能价值与政策研究 [M]. 北京：科学出版社，2021.11.

[13] 杨宝林，李刚 . 农业生态与环境保护（第 2 版）[M]. 北京：中国轻工业出版社，2021.12.

[14] 刘北桦，唐志强 . 中国传统农业生态智慧 [M]. 北京：中国农业出版社，2021.06.

[15] 朱平国，孙建鸿，王瑞波 . 农业生态环境保护政策研究 [M]. 北京：中国农业出版社，2021.06.

[16] 夏莉，马兰，李宝伟.农业绿色发展与生态文明建设[M].北京：中国农业科学技术出版社，2020.08.

[17] 林卿.生态农业产业集群发展研究[M].北京：经济科学出版社，2020.05.

[18] 陈云霞，何亚洲，胡立勇.生态循环农业绿色种养模式与技术[M].北京：中国农业科学技术出版社，2020.06.

[19] 邢旭英，李晓清，冯春营.农林资源经济与生态农业建设[M].北京：经济日报出版社，2019.07.

[20] 刘云.农业生态工程与技术[M].北京：中国农业大学出版社，2019.06.

[21] 林文雄.农业生态概论[M].北京：中国农业出版社，2019.12.

[22] 杨志清，安曈昕.农业生态学原理与实践[M].文化发展出版社，2019.09.

[23] 贾小红.农业生态节肥[M].北京：中国农业出版社，2019.11.

[24] 马银山.农业生态环境保护与污染防治[M].长春：吉林人民出版社，2019.08.

[25] 陈光辉，季昆森，朱立志.多维生态农业（第2版）[M].北京：中国农业科学技术出版社，2019.07.

[26] 李吉进，张一帆，孙钦平.农业资源再生利用与生态循环农业绿色发展[M].北京：化学工业出版社，2019.03.

[27] 陈义，沈志河，白婧婧.现代生态农业绿色种养实用技术[M].北京：中国农业科学技术出版社，2019.06.

[28] 易建平，弓晓峰，周瑞岭.现代高效生态循环农业种养模式与技术[M].北京：中国农业科学技术出版社，2019.11.

[29] 卢泉.基于农业绿色发展的水资源保护生态补偿机制研究[M].哈尔滨：东北林业大学出版社，2019.11.

[30] 盛姣，耿春香，刘义国.土壤生态环境分析与农业种植研究[M].世界图书出版西安有限公司，2018.03.

[31] 丁雄.生态农业产业链系统协调与管理策略研究[M].南昌：江西高校出版社，2018.05.

[32] 王黎明.互联网＋农业智慧粮食的电商流通营销管理生态圈研究[M].杭州：浙江工商大学出版社，2018.11.

[33] 胡剑锋.高效生态农业简明读本[M].杭州：浙江教育出版社，2018.07.

[34] 张原天.农业生态原理学[M].哈尔滨：黑龙江教育出版社，2018.05.

[35] 富鹏飞.农业生态环境保护的对策[J].经济技术协作信息，2021（3）.

[36] 扎西降措.农业生态环境保护探究[J].区域治理，2020（31）.

[37] 李春旭，马春杰.农业生态环境保护现状及发展对策[J].吉林蔬菜，2021（1）.

[38] 包明忠，魏薇.农业生态环境保护与农业可持续发展分析[J].皮革制作与环保科技，2023（12）.

[39] 王汝青，孙洪军.农业生态环境保护与可持续发展路径探究[J].皮革制作与环保科技，2023（1）.

[40] 韦晨.农业生态环境保护与农业可持续发展探究[J].南方农业，2022（4）.

[41] 秦霄.浅析农业生态环境保护及治理[J].大科技，2019（35）.